U0159600

园林的启示

从中国园林到当代建筑的诗意传承

The Inheritance of the Spirit

From the Chinese Garden to Contemporary Architecture

李 宁 著

中国建筑工业出版社

中国古典园林作为中国传统建筑文化的重要组成部分、华夏美学中一门绚烂的综合艺术，是必然要与当代建筑发生联系的。当代建筑可以从中国古典园林中汲取营养，从而使前者更为丰富与多元化。笔者作为职业建筑师，在建筑实践中有很多设计理念源自于中国古典园林，关于当代建筑如何向中国古典园林借鉴，有一些原理性与规律性的认识与总结。中国古典园林的建筑意象实际上已经被一些当代的建筑师自觉或不自觉地应用于现代建筑的设计，在当下如火如荼的建筑大潮中，仍存在着更为广阔的空间供中国古典园林发挥作用。笔者提倡的不是复古的态度，而是中国古典园林在当代建筑领域中的精神传承。本书所言的中国古典园林是建筑学范畴的，而不是园林景观范畴的；本书所说的当代建筑是现代主义建筑及其延续。将中国古典园林与当代建筑联系起来进行思考，"执其两端"，有可能使两者的结合变得更为积极与自觉，笔者试以建筑师的视角在这方面进行一些探索。

为了表达简洁或扩大涉及范围，本书在论述时"中国园林"和"中国古典园林"的称谓兼而有之，均指我国特有的传统园林。

作者具有深厚的中国文化艺术素养，以此为基础，将中国园林的文化源流和特征会合于当代建筑设计，从空间和理念两层面提出了园林对建筑的十点启示性方法，进而综述了现当代建筑案例中对中国园林的借鉴和应用，从诗意到园意，强调建筑对园林的精神传承。

李兴钢

2023 年夏于北京

文化、环境、建筑的融合思考

中国人特有的对于人与自然的协调、建筑与环境融合的观念，源于中国文化独特的思考方式。如何借助具有中国文化根基的富于诗情画意的建筑与环境观念，为当代建筑服务，是个值得思考的问题；如何用根植于中国文化的设计理念在当代建筑实践中发挥作用，是值得当代建筑师探索的设计方式。

建筑设计工作要接受的信息量很大，要处理的事务很多，要解决的问题很繁杂。在建筑设计一线，思考设计理论的机会并不多，要想整理成理论体系就更不容易了。李宁的这本书，首先让我感到的是他的理论体系与他的设计实践是一脉相承的，出于同一个思考系统。过去二十年，是建筑设计行业大发展的时代，他在繁重的建筑设计工作中，能兼顾理论思考，是很难能可贵的。

这本书讲述了中国古典园林对于当代建筑的借鉴意义，其间贯穿着对文化、环境、建筑的融合思考。

关于文化

当代建筑师中关心中国传统文化的不在少数，能整理成系统，并且与自己的设计实践相结合的并不算多。作者对中国古典园林的研究有自己独到的认识。如书中所写，这与他本人对于中国古典园林的兴趣密不可分，他的生活与他的设计、理论思考紧密结合在了一起。

尽管由于篇幅所限，书中对于中国古典园林的文化源流仅作了点到即止的论述，但却切中要义。书中将一些有趣的文化要素呈现给读者，让人们对中国古典园林的文化源流有了概括性的认识，并且用了轻松的、接受度高的语言叙述方式，使得本书读起来并不乏味。

关于环境

首先是生态环境问题。过去以破坏生态环境为代价的工业与工程发展，已被公认是一种不可持续的发展模式。环境友好型的发展模式已被广泛认同。中国人自己的环境观，本来就是环境与人和谐的"天人合一"的环境观。本书在论述中国古典园林时对此也有所涉及，是对人与环境友好和谐关系的诗意思考。

其次是环境与建筑的关系问题，中国古典园林无疑是个很好的典范。在园林中，我们难以分辨建筑与环境的边界，它们的融合来自于"虽由人作，宛自天开"的造园思想。中国古典园林的环境是以华夏美学要素为导向的诗意环境。作者希望把这种源自中国哲学思想的环境观念借鉴到当代建筑设计中。作者对环境的重视程度很高，他对于环境与建筑的整体性思考，贯穿于他的设计与理论之中。

关于建筑

本书的建筑师视角贯穿全书。在写了中国古典园林的诸多文化源流之后，本书的落脚点还是在当代建筑。得益于作者有多年的建筑设计一线的经验和体会，本书对当代建筑的相关设计原理作了第一视角的论述，有着鲜活并且深刻的认识。建筑设计是个实践行业，可能是出于职业习惯，作者总结出了一套颇具系统性的原理与方法，使当代建筑向中国古典园林借鉴成为一个操作性很强的事情。这部分内容像是一本实用性很强的应用手册。

关于采取什么样的态度向中国古典园林借鉴，书中也作了条理性很强的论述，言之有物。书中还把一些"同道中人"对中国古典园林在当代建筑的应用实例进行了汇编。这些当代建筑实例不仅是对这种借鉴方式的佐证，更能通过不同方式的应用来展示中国古典园林在当代建筑中的诗意传承。

用中国古典园林的思维范式解决当代建筑设计的问题，是这本书的核心。这是个有些复杂的话题，论述思路要在这两个不同的思考体系中不断穿行与顾盼，既要掌握传统文化及华夏美学的要义，又要对当代建筑设计有深入的体会。 本书把这些思考写得耐看耐读，充满趣味。

作者是一个在建筑设计实践中善于思考、既关注当代建筑思潮又经常反观中国园林的当代建筑师，于是，才总结出了可以应用于当代建筑设计实践中的具有中国文化根基的设计理念。

崔彤 2023年8月25日

序
二

和谐的时空之旅：中国园林艺术在当代建筑中的回响

人类对自然的认知过程充满了探索性，从生存、生产到信仰、审美及融入人文。从艺术角度认知和赞美自然，营造"人化的自然"是中国文化的传统与专长，不断把自身情感与山水自然融合，形成"物情一体"的自然观。晋顾恺之从会稽还，云"千岩竞秀，万壑争流，草木朦胧其上，若云兴霞蔚"，宗白华先生认为晋人向外发现了自然之美，向内则发现了自己的深情，并感受到了对自然景物的联想与象征。循着这样的自然认知，在大地上经过上千年的人文积累和书写，形成国土上的名山、胜迹，山水中城市、聚落，以及城垣中的庭院、园林。

中国园林的立意与自然山水诗画关联紧密，蕴含人文内涵。园林与传统院落的合院式布局密不可分，强化了院落组合与自然的联系，院落之间也相互连接，这些庭院是人们日常社交聚会和社区活动的场所。庭院以精心设计的自然与人文景观为特色，如假山、水景、植物和描述景致的楹联匾额。中国园林营造追求"赏心悦目"，"赏心"是首要的，即对景物的感知与体验，先要达到赏心，而达到"意"与"象"的统一为"悦目"，也就是不追求单一的视觉刺激。对园林的认知有助于感知和体验从"象"到"意"的境界，给予人们精神的寄托与归宿，网师园的"可以栖迟"，退思园的"云烟锁钥"，"景面文心"的立意理法方式增加了对"景"与"境"的体验与迁想。

六朝时期，谢赫在《古画品录》中总结了绘画经验，把艺术的格调划分成"品"，分别予以措辞评判，提出了第一流作品的概念，并总结了绘画"六法"，其中的"气韵生动"成为后来绘画以及书法、戏曲、造园等艺术创作的指导思想。近代王国维在《人间词话》中用"境界"作为核心来品评词话，并使用"隔"与"不隔"的概念进行解释，其内涵是强调情景交融、崇尚真切。

在高度提炼大自然的精髓与人类的创造力共舞塑造的境界中，中国园林所营造的迷人世界一直是心灵的避难所。这些师法自然、精心设计的错综复杂的景观，融合了艺术、哲学和文化，呼应着人与自然世界的和谐共生，即"天人合一"。每一块精心布置的石头，每一座精巧的构筑，每一株精心培育的植物，都蕴含着均衡、诗意的哲理，保持着短暂与永恒之间相互作用的微妙关系。

中国园林设计的精妙体现在对景致、布局的控制。以萃取真山真水凝练山水架构，以主体建筑确立构园之基，"凡园圃立基，定厅堂为主，先乎取景，妙在朝南"，以"巧于因借"令人工构筑与天然之趣相融，"江干湖畔，深柳疏芦之迹，略成小筑，足征大观也"。

中国园林设计的精妙体现在对造景和自然关联的把控。强调光影的一时一日之变化带来的不同体验，追求"日涉成趣"；强调天然的景象与人造自然的浑然一体，网师园水面极小，不种荷花等水生植物，保持纯净清澈，问名"彩霞池"，倒映天空中的朝霞与晚霞，"天光云影共徘徊"，借天空之景，以小见大，气象万千，同时，于一岸筑亭，凸池沼而参差，借清风、明月的景致，取名"月到风来亭"。

中国园林设计的精妙体现在赋予景物文学内涵，文景融合，景以境出。网师园的"锄月"与耦园的"无俗韵轩"，景名分别源自陶渊明《归田园居》的诗句："晨兴理荒秽，带月荷锄归"和"少无适俗韵，性本爱山丘"，表达了寄情山水、自耕田园的隐逸思想，延绵了"生气远出，妙造自然"的传统艺术思想主线。

王国维先生说："有有我之境，有无我之境。有我之境，以我观物，故物我皆著我之色彩。无我之境，以物观物，故不知何者为我，何者为物……诗人对宇宙人生，须入乎其内，又须出乎其外。入乎其内，故能写之。出乎其外，故能观之。入乎其内，故有生气。出乎其外，故有高致。"借用颐和园万寿山山前的三处建筑的景名（一楼，一亭，一轩），表达中国园林景致观赏的三个层次：第一层次：山色湖光共一楼，第二层次：湖山真意（亭），第三层次：无尽意轩，体现有我之境、无我之境的不同意境体验。

刘敦桢先生指出，古典园林中的建筑具有使用与观赏的双重作用，"山池是园林的骨干，但欣赏山池风景的位置，常设在建筑物内"。汪菊渊院士将造园各要素总结为，通过"因山就水来布置树木花草，亭榭堂屋，互相协调地构成切合自然的生活境域，并达到'妙及自然'的境界"。孟兆祯院士借鉴传统的造园理法，将园林的设计序列总结为明旨、相地、立意、布局、理微和余韵六个环节，并以借景作为核心，与各个环节构成紧密的整体，称作"孟氏六涵"。中国传统造园内质的规划设计理法体系，对于今天的设计创作实践具有直接的指导意义。

《园林的启示　从中国园林到当代建筑的诗意传承》一书将中国传统园林设计与现代建筑创作的不断发展紧密联系起来。这证明了经典的中国园林可以继续赋予设计世界持久的灵感。作者李宁先生作为一名崇尚传统与创新的建筑师，对自古以来指导中国园林设计的哲学进行着不断的探索。同时，这不仅仅是一段根植于过去的思考，而是对中国园林美学的诗意如何与当代建筑的简洁线条和创新材料相协调的传承。中国园林设计的精髓不仅仅是一种营建技术，而是一种超越物质世界，触及人类本质的哲学。这本书的核心在于让我们认识到中国园林艺术已经超越时代，渗透到更广义的设计意识中。正如一个精心设计的园林是各种元素的交响乐，这本书的目的是在过去与现在之间，在园林的诗意与当代建筑设计的活力之间进行和谐的对话。延续气韵生动、生气远出、妙造自然的意境，营造当下以及未来"美的自然和美的生活境域"。

郑曦 2023年处暑
于北京林业大学园林学院

目 录

『缟袂相逢半时仙，
平生水竹有深缘。
将疏尚密微经雨，
似暗还明远在烟。』

——（明）高启《梅花六首》

缘起

第一章　缘起

——建筑师遇见中国园林

　　作为一名职业建筑师，写关于中国古典园林这样的题材，在某种程度上似乎是对当代众多建筑思潮的"隐逸"。在当下这个建筑设计行业大发展、大变革的时代，放弃更为时尚的形形色色的众多建筑思潮，而以中国古典园林为题写文章，看上去多少有点不合时宜。

　　写这本书的缘起，是因为中国园林对我而言是个特殊的存在。

　　读大学时，我一直保持着业余时间画速写的习惯。这些速写［图1-1］不一定以建筑为题材，由自然风景与建筑共同构成的景致对我最有吸引力，这潜移默化地影响了我的建筑观与环境观：我认为建筑与环境是一个整体。读硕士研究生时，我一方面学习当代建筑学的相关课程，另一方面也学习了园林和中国传统建筑文化的课。我对这两者都感兴趣，有点贪心，想两者兼得，于是跟着老师们列出的书单一路读下去。

　　我大学时的美术老师朱建昭教授说我的速写以后可以改成国画，我听了就当真了，毕业之后也经常画水墨画。学建筑学的人，能写写画画、吹拉弹唱，本就不足为奇。就像我母亲爱织毛衣一样，自己乐在其中，还经常织毛衣送人，我也有时候会把自己的字画送朋友，也不管人家是不是看得上。除了字画之外，我的爱好中喝茶、抚古琴、看书、养兰花、听音乐等所有这些，其实都可以说与中国园林相关。自然而然地，我对中国园林非常喜欢，每有机会，都会去游览一番，观景、读境、看字，那里有我爱好的一切。

　　在建筑设计工作中，自觉或不自觉地，我经常把中国园林的一些理念与手法，用到自己日常的建筑设计中。经年累月，回头一看，发现我的很多建筑设计灵感其实都受到了中国园林的启发。

　　与此同时，在我完成的设计实践中，园区建筑成了我的一个主要的设计类型。当代的园区，包括产业园区、办公园区

［图1-1］

钢笔速写，1996年10月写生于杭州虎跑寺园林。由自然风景与建筑共同构成的景致对我最有吸引力，这潜移默化地影响了我的建筑观与环境观：我认为建筑与环境是一个整体。这些为我后来关注中国园林对当代建筑的启示埋下了种子。

等，就其规划形态泛泛而言，与中国园林有相通之处。它们都是建筑与其外部空间及景观的集合统筹设计，是建筑与园林景观的拓扑关系，也是建筑实体与外部空间的辩证统一。正如当初我画速写时，感兴趣的是建筑与环境的整体，做设计时，我也希望建筑与环境是一个整体。因此，我在做园区设计时就融入了我对中国园林的思考与研究。

中国园林，成了我的生活爱好兼工作帮手。

并且我乐在其中。

于是，就有了这本由一位建筑师兼中国园林的爱好者写的书。

在我的这本书中，中国园林与当代建筑兼而有之，看似效仿古人"中隐"之法，实则是有感而发，故作题目"从中国园林到当代建筑的诗意传承"。

本书并不把笔墨过多地用于阐述中国古典园林的优秀，也不过多地对其进行空间分析，更不是在整理相关的资料。前辈们已经在上述诸多方面做出了令人敬佩的研究成果，著述颇丰，我不在这里班门弄斧。

我所关注的是，中国园林中有很多建筑意象可以与当代建筑理念相通，并且也正是当代建筑所需要的营养。这些建筑意象有的被冷落甚至被遗忘，有的则被我们视而不见。这些"失忆"的建筑意象在静候着我们的发掘。

彭一刚先生在他的经典著作《中国古典园林分析》中就写道："即使是当代最新的建筑流派如黑川纪章提出的'灰'；美国建筑师查理斯·摩尔提出的空间多维性；另一位美国建筑师文丘里提出的建筑的复杂性和矛盾性……各种各样最时髦的建筑理论，几乎都使人难以置信地在我国古典园林中找到体现。""从这种意义上讲中国古典园林……所推崇的恰恰不是显而易见的统一，而是带有某种含混性、复杂性和矛盾性的不那么一眼就能看出来的统一。中国古典园林正是因为具有这样的特点，所以才充满了生气和活力，以致迄今还不失为一个巨大

的宝库，贮蓄着取之不尽的智慧源泉。"❶

我想把对中国园林的认识平实地写出来，把我认为的它对于当代建筑的可借鉴之处写出来。

我想写的是，中国古典园林作为华夏文化的瑰宝、作为中国传统建筑文化的重要组成部分，可以甚至是必然要和当代建筑发生联系，对当代建筑有启发和借鉴的意义。

之所以这么说，首先是因为中国园林自身的文化源流根植于传统文化与华夏美学，"问渠那得清如许，为有源头活水来"。本书第二章阐述了中国古典园林的文化底蕴及美学源流，也是在写这方面的内容。

本书第三章，关于中国园林与当代建筑会合的态度，我认为有以下几个方面：

"文化自觉的美学态度"，是自觉认识到中国园林的文化价值和意义。它是基础。有了对中国园林文化源流的更清楚的认识，就可以对它在面向当代与未来的建筑实践中可能发挥的作用有更清楚的认识，属于文化范畴。

"批判的地域主义"❷，承接"文化自觉"，对中国园林作为地域建筑文化的传承表明其实践方式的态度，是对中国园林在当代建筑语境中"活化"后的借鉴与运用，属于建筑实践范畴。

"古今艺术同构"，表达古代与当代的艺术具有趋同的情感倾向，从而把从中国园林到当代建筑的传承在艺术范畴变得顺理成章，属于建筑艺术范畴。

"适度技术的建筑态度"，表明从中国园林到当代建筑的传承，要遵循当代建筑工程与社会生产要求的规律，属于建筑工程范畴。

❶ 彭一刚. 中国古典园林分析 [M]. 北京：中国建筑工业出版社，1986：前言.

❷ 肯尼斯·弗兰姆普敦. 现代建筑：一部批判的历史 [M]. 张钦楠，等译. 北京：生活·读书·新知三联书店，2004：369.

　　中国园林对当代建筑可以有多个层面上的启发，并且有一定的原理与规律可循，我在以往的设计实践中有所涉及，也有一些结合自己设计实践的总结与心得，在第四章分享给读者。

　　本书第四章罗列了十个不同层面的方法与原理。

　　其中前五个是侧重于空间层面的：手卷画式的空间序列、自由分散的总体布局、蜿蜒曲折的规划脉络、有机融合的院落空间、高低俯仰的立体界面等；后五个是侧重于理念层面的：虚实平衡的建筑关系、多种感知的综合艺术、师法自然的生态环境、华夏美学的人文元素、建筑礼乐的场所精神等。这十个原理，是按照从实到虚的顺序排列的。

　　不管是侧重于空间的还是侧重于理念的方法与原理，我都希望它们是简单的、落地的，甚至可以直接有效地对设计项目产生作用。而不是作为一个复杂且深不可测的想法而存在。建筑师这个职业本来就是在做很具体的实践的事情，因此我希望自己的文字也能言之有物、通俗易懂，带着来自设计一线的温热的气息。

　　这些方法与原理都来自中国园林对我的设计工作的启发，来自我平时工作中的理解与总结。因此，在这些论述里难免引用我本人的建筑设计实例。用自己的拙作论述自己的拙见，这其实是出于自己最能感同身受，也是在所难免的敝帚自珍的情结吧。

　　很多前辈建筑师在实践中积极地对中国园林进行过借鉴，其中不乏成功的建筑设计实例。我把这些实例分成两类。

　　第一类实例写在第五章，选择了几位现代主义建筑大师的作品，这些作品包含了一些对于中国园林的关注与借鉴。密斯·凡·德·罗的某些经典建筑，如果我们用另一种视角去看，不难发现，其中有一些与中国园林的建筑精神相通。贝聿铭先生的一些建筑作品中能体味到中国园林的影响，这一点应该是被大家公认的，比如香山饭店、美秀博物馆等。冯纪忠先生设计的上海松江的方塔园"何陋轩"，已经被很多研究中国园林在当代应用的建筑师们奉为圭臬，我把这个经典建筑也归为此类，以示敬意。

第二类实例写在第六章，关于中国园林面向当代与未来的应用，选择了当下国内几个著名的建筑实例来说明。这些建筑实践精彩纷呈，其表现形式也各不相同。但它们的共同特点是，在设计中都把中国园林作为设计灵感的源泉，都受到了来自中国园林的启示。在这个领域有过研究和实践的建筑师其实很多，他们用独到的理解做出了很多优秀的建筑设计作品。由于篇幅所限，这里仅收录了来自王澍、李兴钢、周恺、章明、董豫赣等前辈的几个作品来作说明。

本书对中国园林的探究是属于建筑学范畴的，源于我是建筑师，主要做建筑设计工作［图1-2］。因此，本书的中国园林是建筑师视角下的中国园林。

本书的目的并不在于学习古人如何造园，而在于通过研究中国园林的特征与内涵，以寻找供给当代建筑的养分，从而在当代建筑实践中能积极主动地引入其思维体系并进行不拘一格的应用。

本书中的"当代建筑"（Contemporary Architecture）一词，其定义包含现代主义建筑（Modern Architecture）之后的种种建筑实践。即：本书所指的当代建筑是现代主义建筑及其延续，而不是古典主义建筑或折中主义建筑。研究了中国古典园林之后的建筑实践仍然是现代建筑的实践，不应简单地复古。

梁思成先生很早就给出过建筑学学科属性的定义，即社会科学、技术科学和艺术学三类学科属性的"交集"。❸ 本书涉及的中国园林这个话题，其艺术学、社会科学两个属性更为突出，因此，本书的论述重点主要集中于这两个属性。

在我看来，中国园林与当代建筑就像左、右两边，我想"执其两端"。本书的思路正是以这样的左右两边看的视角来展开的。

这是本书的缘起。

❸ 刘加平在《西建大建筑学人：历史担当，西部栋梁》(《世界建筑》2021年05期) 一文中写道："梁思成先生于1962年在《人民日报》发表过系列科普文章，一方面阐释了建筑设计如何遵循坚固、实用和美观三原则，另一方面给出了建筑学学科同时具备社会科学、技术科学和艺术学三重属性的定义。"

[图1-2]
　　笔者设计的中关村医疗器械园。笔者是一名建筑师，因此，本书对中国园林的探究属于建筑学范畴。

源流

『半亩方塘一鉴开，
天光云影共徘徊。
问渠那得清如许，
为有源头活水来。』

——（南宋）朱熹《观书有感》

第二章　源流

——中国园林的文化源流

1. 中国园林是浪漫主义与现实主义的交会点

诗分唐宋。正如钱钟书先生总结的那样，"天下有两种人，斯分为两种诗。唐诗多以丰神情韵擅长，宋诗多以筋骨思理见胜"。❶

浪漫主义与现实主义这两大类型的文艺传统一直存在于中国文化历史中。

园林常常是古代文人士大夫隐逸的载体。隐逸求避世，求独善其身。从现实主义角度来看，它是文人士大夫退隐的一种选择。

但遁世这件事本身在古代就具有浪漫主义的倾向，随之催生出很多浪漫主义的艺术作品。比如文人隐逸的代表人物之一陶渊明［图2-1］，他以隐逸生活为基点创作出了很多浪漫主义的诗作。例如我们熟知的《饮酒·其五》：

"结庐在人境，而无车马喧。

问君何能尔？心远地自偏。

采菊东篱下，悠然见南山。

山气日夕佳，飞鸟相与还。

此中有真意，欲辨已忘言。"

中国古代文人士大夫的隐逸行为本身就可以是一种浪漫主义的行为。这种隐逸并不是遁于荒野，生活困顿，精神萎靡。相反，中国古人的隐逸是一种主动的选择，是一种浪漫主义的选择，

❶ 钱钟书. 谈艺录 [M]. 北京：中华书局，1984：2.

[图2-1]

陶渊明像。他是文人隐逸的代表人物，他以隐逸生活为基点，创作出了很多浪漫主义的诗作。

甚至并不需要离开城市、远离人群，只要有一座园林就足以隔绝尘俗，是"心远"而带来的"地自偏"。它在古人心中是一种"城市山林"。

园林就是这样一个浪漫主义风范的载体。在园林中生活是十分惬意而浪漫的。在园林中，文人们可以赏四时之变迁、行风花雪月之吟咏、作琴棋书画于其中。

在中国漫长的隐逸文化发展过程中，形成了独特的"大隐隐朝市""小隐隐山林"的种种复杂而微妙的隐逸思想。这种取舍之中蕴涵很多现实主义的行为动机，从而使隐逸又具有现实主义的意义。

"新的儒家试图从名教（道德、礼制）中寻找快乐，这是指生命的快乐，而不是指寻求一点生活的乐趣。寻求快乐，对于新的儒家来说是一件大事。例如，程颢说：'昔受学于周茂叔（即周敦颐），每令寻孔仲尼、颜子乐处，所乐何事。'" ❷ 这段话里程颢的意思是说：以前我在周敦颐（写《爱莲说》的那位大儒）那里学习时，周先生总是让我思考找寻一下孔夫子、颜回的快乐之处，到底为哪些事快乐。"寻孔颜乐处"是宋代理学家的核心话题，那是一种安贫乐道、达观自信的处世态度与人生境界。

❷ 冯友兰．中国哲学简史 [M]．赵复三，译．天津：天津社会科学院出版社，2005：252．

基于实用理性的现实主义考虑，肯定现实生活的乐事，而不是一味地出世，才有可能发展出中国古典园林的内在思想基础。而同处于东方的日本园林则更多地基于佛教的出世思想。思想基础不同则表现形式也随之迥异。

以现实主义著称的儒家也有浪漫主义的一面，有个著名的例子："曾点气象"。《论语·先进十一》中曾点（孔子的学生之一）这样回答孔子关于自我志向的问题："暮春者，春服既成，冠者五六人，童子六七人，浴乎沂，风乎舞雩，咏而归。"夫子叹曰："吾与点也!"

把曾点的话翻译成现代汉语就是：暮春时节，穿着刚做好的春装，五六个成年人、六七个儿童，一起出游，在沂河中沐浴，然后在舞雩台上风干休憩，最后唱着歌一起回家。这就是他人生的志趣所在。孔夫子听后，赞叹道：我同意曾点的说法啊!

要知道在这个故事里，在曾点发言之前，子路、冉有、公西华的发言都是在说自己的志趣是治理千乘之国和教化百姓。曾点的发言听上去多少有些不务正业，但他的发言是超越眼前现实的，就像我们今天说的"诗和远方"，是浪漫主义的。

孔夫子对曾点的赞叹，也好像不是大家所熟悉的孔子的形象。多数现代人心目中孔子的形象是严肃甚至刻板的，他的儒家思想所论述的也主要是现实的事物与现世的事情。其实不然，我们仅从这个典故中就可以看出孔夫子的浪漫心灵。不仅如此，孔夫子所赞叹的曾点的"咏而归"，还表达了一种与自然和谐的生命高层次的审美境界。

这个故事在不太了解先秦儒家思想的人看来，不会认为是出自儒家经典著作，因为它非常浪漫。很多人对儒家思想的印象是礼法、秩序，但实际上，《论语》里就有很多处关于孔夫子颇具性情的记载［图2-2］。

这些生活在中国园林里的受儒家思想浸润的文人士大夫，

[图2-2]

笔者水墨拙作，2017年。左上角印章的印文为"咏而归"，引自《论语》中"曾点气象"的典故，增添画外之意韵。即使以现实主义著称的儒家也有浪漫主义的一面，"曾点气象"就是这样的典故，它非常浪漫。

既要在现实中精进打拼，还要找到生活的浪漫与快乐。一座私家园林，就是成全这个"两全"追求的理想载体。那些造园并栖身于此的文人们并不排斥庙堂精进，反而能品其中乐事，其思想内涵同样有现实主义的倾向。

中国园林就提供了这样一个既现实又浪漫的平台。

这种现实主义与浪漫主义的交会点正是中国古典园林所处的位置，一个意义非凡的位置。

2. 中国园林处于儒释道三家思想的交会点

《园冶》中说："七分主人、三分匠人"。指造园设计七分靠园林的主人，三分靠造园的匠人。园林的主人就是总设计师，是他在主导造园；中国园林是文人士大夫的"作品"。

看来，园林项目的"甲方"的创作欲是很强的。

造园的文人是在以儒家思想为主要内容的教育下成长起来

的，具有鲜明的儒家思想背景。园林是他们生活与精神寄托的家园，因此，园林必然受到儒家思想的深刻影响。

"中和"是儒家思想的重要内容之一。"中和"讲的是找到恰当的位置、方式来表达思想感情，在表达的过程中要注重"中庸"的尺度。这种美学范畴在李泽厚先生的《华夏美学》中被归纳为一种"非酒神型"的美学体系（与之相对的是西方传统的"酒神型"美学体系）。❸ 中国传统的文艺作品，包括园林艺术，在西方人看来，总有一种未表达充分的感觉，欲言又止，不够痛快淋漓。实际上，这正是华夏美学的要领所在。

中国园林尽管有极为丰富的内部形式，但总体上是温润的，像一块美玉，符合儒家的"中庸"思想。就像人经常被形容为"君子如玉"，园林也应该如玉。每一座中国园林，都像是一枚精心雕饰的美玉。相比之下，西方园林则是气势恢宏的，方方正正的，是西方建筑的延伸。❹

"随着'壶天'的确立乃至强化，园林中一切景观要素及其组合关系都必然朝着与之相适应的方向发展，因此，也就随之发展着一系列具体的空间原则和方法。正是靠了这些原则和方法，'壶天'这一总的要求才得以在千千万万作品中实现，各种复杂的景观要素才得以在'壶天'中成就出'中和'之美。"❺

中国园林之所以能在有限的空间中做出诸多繁复的变化而不致混乱，与"致中和"的美学原则有很大关系。中国园林中有"壶中天地""芥子纳须弥"等概念，用来表达园林以狭小的空间容纳广泛而庞杂的内容的思想。无论是"壶中天地"还是"芥子纳须弥"，都存在着如何容纳庞杂而不致混乱的问题。

"这种结合显然是使'中和'方法得

❸ 李泽厚. 华夏美学 [M]. 天津：天津社会科学院出版社，2001：44.

❹ 陈志华. 外国造园史 [M]. 北京：商务印书馆，2021：15.

❺ 王毅. 园林与中国文化 [M]. 上海：上海人民出版社，1990：502.

以涵盖庞大矛盾体系的唯一途径，也是建立'天人之际'内部秩序的客观需要"。在《易传》中也同样可以看到这类自觉将矛盾法则推广至整个宇宙之中的努力，如《系辞上》："范围天地之化而不过，曲成万物而不遗"；《系辞下》："阴阳合德，而刚柔有体，以体天地之撰，以通神明之德"；"变动不居，周流六虚"，等等。❻

这种儒家美学精神对中国园林的自身美学体系完善有重要作用。

道家思想对中国园林的影响似乎更容易被理解，也被广泛认同。

道家的基本思想之一就是"道法自然"，就是说，事物要和于自然之大道。中国园林的"虽由人作，宛自天开"（语出《园冶》）的大原则正合乎道家的理论。

再者，道家主张遁世，也是隐逸的主要思想来源之一。园主人造一座园林，栖身于这座园林，很大程度上是想远离城市的喧嚣和烦心事，回归到自然中去。道家思想中回归自然的理念自然就成了这个行为的理论基础。

另外，园林中的很多景致与说法来自于道家的著作。被引用最多的就是《庄子》，其中很多内容与典故都被反复用于各个历史时期的园林中。

仅《庄子·秋水》中庄子与惠施的"濠上知鱼之对"就被多处引用，如北海公园的"濠濮间"、寄畅园的"知鱼槛"、留园"冠云台"［图2-3］、颐和园的谐趣园的"知鱼桥"、香山静宜园的"知鱼濠"、圆明园的"知鱼亭"，等等。这些景致都在隐喻"子非鱼安知鱼之乐""子非我，安知我不知鱼之乐"这个庄子与惠施的经典对话。

在园林中引用这些道家典故，是园主人自己

❻ 王毅：园林与中国文化［M］．上海：上海人民出版社，1990：532．

[图2-3]
苏州留园"冠云台"。《庄子·秋水》中庄子与惠施的"濠上知鱼之对"在
此处的匾额上直接被引用。图片来源：苏州园林设计院. 苏州园林［M］.
北京：中国建筑工业出版社，1999.

愿望的体现，甚至是一种自我标榜，标榜自己懂老庄学说。

道家学说在古代是一种玄学，魏晋时期名士们的"清谈"主要就是在聊老庄的玄学。《老子》《庄子》，加上《周易》，在当时并称为"三玄"，那是很酷很玄的学问。

谈玄，以示自己不屑于谈论时事，只爱讨论高深的学问。

在园林里谈玄，那就显得更酷更玄了。

生活在园林中的人引用这些道家典故，就是想表达这个态度：我不屑于跟你们聊时事，我想静静，聊些子虚乌有。

"儒家思想强调个人的社会责任，道家则强调人内心自然自动的秉性。"❼ 园林正是文人士大夫融会这二者的辩证统一的产物。

"儒家'游于方内'，显得比道家入世；道家'游于方外'，显得比儒家出世。这两种思想看来相反，其实却相反相成，使中国人在入世和出世之间，得以较好地取得平衡。"❼

园林正处于儒家思想与道家思想的交会点。

佛教在中国园林中也有极为重要的影响。

佛教自印度传入中国，与中华文化融合，产生了"儒学化"的"禅宗"。

我们今天常说的"觉悟""世界""未来""刹那""烦恼""相对""知识""大千世界"等词汇都来自佛教，佛教对华夏美学的影响很大。

佛理融入玄理，古代文人们开始盛行谈佛理。在古代的玄理之中加上佛学万法皆空的思想，这对于淡泊隐逸起到了推波助澜的作用。

佛教讲求空，追求一种超越是非、有无、生灭的二边性的境界。

佛家的出世观念很容易与悠游山水的简淡情趣相结合，以山水之间的宁静为超脱尘世

❼ 冯友兰. 中国哲学简史［M］. 赵复三，译. 天津：天津社会科学院出版社，2005：19.

的意象。

中国园林的一些营造理念直接来自佛教。

例如，园林中经常提到的"芥子纳须弥"，就是来自于《维摩诘经·不可思议品》，原文为"以须弥之高广内（纳）芥子中，无所增减"。"芥子"就是白芥的种子，比芝麻还小一半。"须弥"就是须弥山——佛经里的大山，据说是宇宙的中枢，日月星辰赖以转动的轴心，仅从其规模来说，可以理解为今天的喜马拉雅山。"芥子纳须弥"就是一粒芥子中可以容纳下整座须弥山。佛经原文的意思是通过维摩诘居士的神通来表述大乘佛教的理念：一切法空，原不相碍，所以芥子虽小，也能无碍地容纳须弥山。

这个典故很自然地被借用来表述中国园林在方寸之间可以容纳山川自然意象的理念。

贴切，又显得深奥且玄妙。

这样的语言调子，与中国园林境界的调子正好契合。

我们现在使用的"境界"这个词语本身也是来自于佛教。佛教传到中国之前，汉语里根本就没有这个词语。如果没有佛教的影响，园林的"境界"就无从谈起。

中国园林之所以成为我们现在看到的面貌，是有它背后的理念作为基础的。

儒释道三大理论体系，是中国传统文化在达到成熟期之后的三个主流的思想体系。因此，对中国园林的思想内核追本溯源，也能看出这三大理论的共同影响。

明代有一幅画名为"一团和气图"［图2-4］，其内容就是讲三教难分彼此，一团和气。作者朱见深（1448—1487年），是明朝第九代皇帝。这幅画作于他即位的第一年。《一团和气图》借用东晋儒生陶渊明、和尚慧远、道士陆修静"虎溪三笑"的典故，以儒、释、道三教合一的理想，来表明自己对新一年的期望。画幅上的人物远看好似一个大圆球，仔细看了之

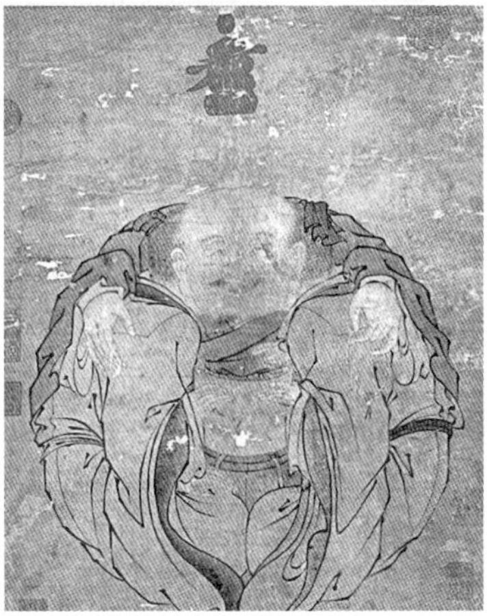

[图2-4]

朱见深，《一团和气图》。表现儒、释、道三教合一的理想。中国园林处于儒家、道家、佛家思想的交会点，儒、释、道融合的文化和思想使中国园林色彩斑斓，精彩纷呈。

❸
[CD]：北京星琦嘉科技发展公司。
刘人岛·中国传世人物名画全集

后才发现是三个人相拥在一起，三张人脸的五官互相借用，合成为一张脸。构思之奇妙，令人叫绝。❸

儒、释、道三教合流的现象在我国古代已经成为一种社会现象，其融合的文化和思想使中国园林色彩斑斓，精彩纷呈。

3.中国园林处于"兼"与"独"、"出"与"处"的交会点

《孟子·尽心》中写道："得志泽加于民，不得志修身见于世。穷则独善其身，达则兼济天下。"

这是儒家思想关于"兼"与"独"的经典论述，主要是从人的社会责任方面来论述的。人首先要考虑能"兼"济天下，这是最理想的状况。如果现实情况不允许，那么也不要"怨天""尤人"，而应该"独"善其身。这里还暗含着另一层含义：一旦有机会，外界条件允许的时候，还是要"兼"济天下。

历史上有很多这样的文人在"兼"与"独"、"出"与"处"之间徘徊。甚至如陶渊明这样为大家所熟知的出世的诗人，也几经"出""处"的选择。

我们对陶渊明的印象是"悠然见南山"的田

园诗人，他的这个形象与"人设"深入人心。如果我们读一下陶渊明的诗集，再了解一下他的履历就会发现，他有几次想出来工作，但都因与他的性格和内心追求不一致而作罢。

陶渊明的履历有主要的"三隐三仕"：

第一次当官，29岁出任江州祭酒，不久就辞职了，"不为五斗米折腰"就是这次辞官的原因。

第二次是隆安二年（398年），陶渊明加入桓玄幕府，期间他既想为官大展宏图，却仍然对田园念念不忘，作诗《庚子岁五月从都还阻风规林》，表达了他对家园的眷顾。最终还是回家了。

第三次是义熙元年（405年）八月，最后一次出仕，担任彭泽县令，任期八十多天后再次辞职，作《归去来兮辞》言志。之后，田园隐士就成了他的终身职业。

陶渊明尚且如此，更何况其他人了。

以隐逸思想为背景的中国古典园林使古代文人在生活上有了极大的弹性和周旋腾挪的余地。

在出现外界环境不允许"兼济天下"，只能"独善其身"的时候，隐逸就成了很好的选择。

"《庄子》书中说：儒家游于方内，道家游于方外。方，就是指社会。"[9] 古代的文人、士大夫把隐逸发展成一个复杂而完善的理论体系来支撑他们的归隐实践。

从早期的归隐山林，逐渐发展为归隐于市。

到中唐时期，白居易又发展出一套"中隐"的理论，使得隐逸进入一种更高的级别，也使隐逸变得更为方便易行，人人可为之。

这样一来，"出"与"处"就不是那么绝对对立了，它们可以辩证地统一在一起。这就需要园林这个位于"出"与"处"的平衡点和交

❾ 冯友兰. 中国哲学简史 [M]. 赵复三, 译. 天津：天津社会科学院出版社，2005：19.

会点的重要载体了。中国园林为这个复杂的人生选择提供了一个舒适且可行性更强的平台。

白居易把他发明的"中隐"理念写成了文章，并流传后世，影响不小。

"大隐住朝市，小隐入丘樊。丘樊太冷落，朝市太嚣喧。不如作中隐，隐在留司官。似出复似处，非忙亦非闲。不劳心与力，又克饥与寒。终岁无公事，随月有俸钱。君若好登临，城南有秋山。君若爱游荡，城东有春园。君若欲一醉，时出赴宾筵。洛中多君子，可以态欢言。君若欲高卧，但自深掩关。亦无车马客，造次到门前。人生处一世，其道难两全：贱即苦冻馁，贵则多忧患。惟此中隐士，致身吉且安。穷通与丰约，正在四者问。"❿

这段话大致的意思是：既不要隐在朝市中，也不必去山林里归隐，最好的选择其实就是隐在你自己的办公室里。别太忙，还有工资拿。爱游玩的，节假日可以爬爬山、旅旅游；爱喝酒的，可以约个酒局；爱宅在家里的，可以不出门，躲清闲。穷困的人生活太清苦，但达官显贵又往往操心太多，还不如就做个居中的人，做个中隐的人吧。

这番高论听起来像是在描述一个在体制内办公室里浑水摸鱼的人。

白居易的历史形象与"人设"是诗人，有很多脍炙人口的诗作传世。从他的代表诗作《长恨歌》《卖炭翁》《琵琶行》的内容来看，他还是个现实主义的诗人，忧国忧民。怎么能写出在办公室里"摸鱼"的生活与工作态度呢？

在白居易生活的时代，他其实首先是个职业官员。他的出仕之路也像古代很多诗人、文学家一样几经沉浮。在被贬江州以前，白居易以"兼济"为志，之后逐渐转为"独善其身"，但仍会一

❿《中隐》，出自《白居易集》卷二十二。

有机会就为社会多做一些事情。这期间，园林成为他"兼"与"独"平衡的一个载体。

白居易就是这样中隐于朝堂，中隐于园林之中，求得了"出"与"处"的平衡点。

园林帮了他的忙，对他来说很"治愈"。因此，我们才看到，写《长恨歌》《卖炭翁》《琵琶行》的人写了《中隐》。也正因为这样，白居易这个人物形象才更丰满了，成为一个有血有肉的人。

他对园林很推崇，中隐于其中，自号"乐天"，写过很多在园林中生活的美好状态。

"有石白磷磷，有水清潺潺；有叟头似雪，婆娑乎其间。进不趋要路，退不入深山；深山太濩落，要路多险艰。不如家池上，乐逸无忧患。……" **⓫**

这首诗就是在描绘白居易在他自己的园林中悠游的状态。诗中借用园林中的景致来暗示自己对"出"与"处"的态度：前进不要行走在冲要的道路上，因为要路往往多艰险，别跟世人去争险要的地方啦；后退也不要到深山里去，深山归隐太落寞穷苦，别太难为自己啦。为了乐天保身，在自家的池上园林中是最好的选择啊。

⓬ 北京：生活·读书·新知三联书店，2005：383。

⓫ 出自《白居易集》卷三十六。张岱年．中国哲学大纲［M］．

"群与己，是人生中根本对立之一。在生活中，我们应该为群而忘己呢，还是应该为己而不顾群呢？也即是，应当兼利天下，为群努力，甚至牺牲自己呢；还是洁身自爱，独善其身，不闻不问群体的事情？" **⓬**

"兼"与"独"是中国哲学人生论中一个基本命题。

中国园林就是这样一个"兼"与"独"、"出"与"处"交会的载体。

文化价值：
雅文化属性

中国传统文化自古就有雅俗之分。

"雅文化可称为士大夫文化或精英文化。俗文化亦可称为通俗文化或大众文化。士大夫文化是人数甚少然而在政治、经济上占据重要地位的士大夫阶层的文化。俗文化包括农民文化和市民文化，但也有大量反映地主阶级利益的成分。"⓭

"士大夫受过系统的文化教育，较好地继承了历史传统，其思想比较系统、精致、深刻，一般民众识字不多，甚至是文盲，其思想文化较零碎、朴野、肤浅。""这种情况在文学史上表现得很突出，如有许多文学艺术（四言诗、五言诗、七言诗、词、曲、戏曲、小说等）最初起于民间，但只有经过文人学士的提炼加工，才在文学史上大放异彩。"⓮

"那种以为唯有俗文化中散发着腐朽、庸俗的格言俗谚才能体现传统文化真精神的观点是不正确的，两者相比，占主导地位的还是雅文化。"⓯

园林显然是属于雅文化范畴的。首先，古代造园活动多为文人造园，文人、士大夫是园林的主人和使用者。其次，园林是文人"雅集"的重要场所，是文人们不可或缺的居住与集会活动空间。再次，园林包罗了琴、棋、书、画各个门类的古代高雅艺术，从诗词歌赋到书法绘画，从琴瑟笙箫到曲水流觞，等等，是传统文

⓭ 张岱年，程宜山．中国文化论争[M]．北京：中国人民大学出版社，2006：111．

⓮ 同⓭：112．

⓯ 同⓭：113．

学艺术的重要载体。可见，园林对于雅文化具有多么重要的意义，又可见，中国园林对于中国文化具有多么重要的意义。

仅文人"雅集"这个话题，就有很多方面可以说明中国园林与"雅"文化的密切关系［图2-5］。

历史上著名的一次"雅集"是魏晋时期著名书法家王羲之参与的兰亭雅集，兰亭就是一座园林。这次文人的聚会举行了"曲水流觞"的诗会，并最终结集成《兰亭集》诗集，由王羲之本人书写的《兰亭集序》被后世推崇为"天下第一行书"。本次集会为后世文人墨客代代传唱，从普通布衣士子，到文人、士大夫，乃至皇帝王族，莫不向往之。

明末计成所著园林专著——《园冶》中对园林"雅"的记录很充分。读原著可以明显地感觉到，计成记述的古代造园活动本身就是一个"摒俗"的过程。书中几乎每个部分、每个章节都提及园林不应流于俗趣，应该时刻保持清醒的头脑，力求雅致。

《园冶》"三 屋宇"中有："雕镂易俗，花空嵌以仙鹤。"意思是：在房屋上雕镂过多容易显得庸俗，比如空花嵌以仙鹤这样的做法。

又有："探奇合志，常套具裁。"意思是：在造园时要注意探求奇胜，应当合乎园主人的志趣，平常的俗套，必须完全摒弃。

"六 墙垣·（二）磨砖墙"中有："雕镂花、鸟、仙、兽不可用，入画意者少。"意思是：在园林墙体上雕刻花、鸟、仙、兽的做法千万不要用，因为这种庸俗的样式很少能有画意。这里的"入画意"，就是园林所提倡的大雅之境。

《园冶》中主张把我们日常所见然而却流于俗套的那些建筑做法统统摒弃。

"七 铺地·（一）乱石路"中有："有用鹅子石间花纹砌路，尚且不坚易俗。"意思是：有人在园林的小径中用鹅卵石间隔砌

[**图2-5**]

北京故宫宁寿宫花园禊赏亭"曲水流觞"。园林是文人"雅集"的重要场所，是文人们不可或缺的居住与集会活动空间。历史上著名的一次"雅集"是魏晋时期著名书法家王羲之参与的兰亭雅集，这次文人的聚会举行了"曲水流觞"的诗会，并最终结集成《兰亭集》诗集，由王羲之本人书写的《兰亭集序》被后世推崇为"天下第一行书"。中国园林的"雅"趣处处可见。图片来源：紫禁城，北京：紫禁城出版社，1994.

成花纹，这样的做法不但不坚实，而且显得庸俗。⓰ 这本书在免俗方面写得确实很充分，近乎苛刻。

李渔的《闲情偶寄·居室部》也对住宅园林须摒俗一事尤其看重："土木之事，最忌奢靡。匪特庶民之家当崇俭朴，即王公大人亦当以此为尚。盖居室之制，贵精不贵丽，贵新奇大雅，不贵纤巧烂漫。凡人止好富丽者，非好富丽，因其不能创异标新，舍富丽无所见长，只得以此塞责。"用现在的话来讲，意思是：建房子最不能做得奢靡，人们非要把房子建成富丽堂皇，那是因为他们不懂得创新与审美，他们那些人除了富丽堂皇外就不知道该怎么做，只能如此了。

可以看出，古代造园，摒俗很重要。园主人造园林，是为了彰显自己的格调，造出符合自己灵魂高度的园林，而不是彰显自己的财富。最要不得的就是暴发户式的设计风格和造园做法。

中国园林，是中国传统文化中雅文化的重要载体。

⓰ 以上《园冶》原文及译文摘自：计成．园冶注释［M］．陈植，注释．北京：中国建筑工业出版社，1988．

文化价值：
设计创造性

中国园林本就是文人造园。

而文人多讲究免俗，这就给园林的差异化设计与创造性营造带来了前提条件。

郑元勋在给《园冶》的题词中写道："古人百艺，皆传之于书，独无传造园者何？曰：'园有异宜，无成法，不可得而传也。'" [17]

这里所说"无成法"，就是说并没有一定的成规可循。从这段话中我们可以从一个侧面看出造园是一种极具创造性的活动，其中蕴涵着无限的可能性。

不同的文人在创造着性格迥异的园子，如果他们的园子有所雷同，那么就趣味大减、品位下降了。

古人造园，就是要造一处符合自己心意的精神家园，因此，园林的个性与特点很重要。如果造一座和别人一样的园林，那就索然无趣了。

造园时，园林的立意、主题、设计手法等都是各不相同的，甚至要故意强调不同之处。比如，同样位于苏州的几处著名园林的立意与设计主题，迥然不同。有的人造园就是想以石头为主题，那么就出现了狮子林这样的园林；有的人想以水统领园林，就有了拙政园这样的园林；有的人想让水面相对集中，就有了留园这样的园林。

今天我们游览中国古典园林的一些代表作品

释 [17]
计成. 园冶注释 [M]. 陈植，注. 北京：中国建筑工业出版社，1988.

时，会惊叹于它们之间巨大的差异性。这些园林一方面有着共同的文化基调与美学原理，让它们的共性十分突出，能以一种集群出现；另一方面，由于园主的差异、主题的差异、年代的差异、基地的差异、布置原则的差异等，使得这些园林呈现形态迥异的面貌。

如果把中国传统建筑作为一个整体来看待，园林之间的差异性会显得愈加显著。这是由于宫室建筑的一致性太强，乃至于中国传统建筑的整个宫室类型都有类似的面貌。宫殿与住宅的布局类似、办公场所与居住场所的布局类似，甚至宗教建筑（如佛教、道教）与世俗建筑也类似。

中国传统建筑受到"礼"的约束，尤其宫室建筑约束至深。相比之下，园林建筑的"无成法"则显得十分难得。这也就使得中国古典园林表现出比宫室建筑更为丰富、更为绚烂多姿的面貌。

以江南的几个园子为例。拙政园［图2-6］的水面分散而绵延不绝，园中建筑都临水而建，分布于水岸的各个角落；留园［图2-7］的水面较为集中，园中的建筑也较集中地布置于东北部；沧浪亭则园内水面很少，仅有一个点缀的水池而已，但它却充分借用园外之水，甚至其入口也是跨水引桥，成为沧浪亭的独到特色。

从以上这几例可以窥见园林设计的创造性。从这一点来看，中国古典造园可算是一种"设计"，而不是工匠因循《营造法式》等"样式"的符合规范的"集成"。

《园冶》中写道："构园无格，精在体宜。""无格"代表没有现成的格式、法式可以遵循，强调要创造性地经营排布，创造性地解决问题，这就是设计思维的直接体现。

设计的精髓就在于创造性，园林是中国传统建筑中极具创造性的部分。

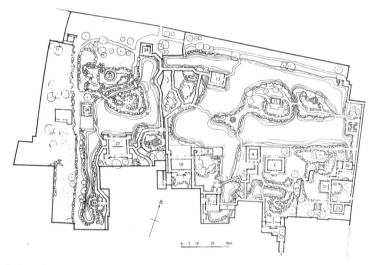

[图2-6]

拙政园平面图。拙政园的布局以水为主题统领全貌，水面分散而绵延不绝，园中建筑都临水而建，分布于水岸的各个角落。今天我们游览中国古典园林的一些代表作品时，会惊叹于它们之间巨大的差异。图片来源：周维权. 中国古典园林史［M］. 北京：清华大学出版社，2008：475.

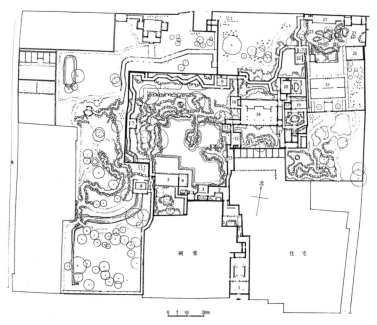

[图2-7]

留园平面图。每个中国园林都有其独特的设计主题以及与之相配的造园手法。中国古典园林造园更可算是一种"设计",而不是工匠因循《营造法式》等"样式"的符合规范的"集成",创造性很强。图片来源:周维权. 中国古典园林史[M]. 北京:清华大学出版社,2008:481.

美学根基：礼乐传统

　　王其亨先生将中国传统思维方式概括为："重实用轻玄思,视事物为整体而探究普遍联系的中国传统哲学,在思维方式上既未把思维与自然存在截然分离开来或对立起来,也未把认识客体确定地分割成诸多片面去分析,从微观到宏观,从具体到抽象的事物,都试图用'道—关系'的角度来整体把握。"

　　中国古典园林的营造哲学之所以能出现在中国,而不是其他国家,是有它深刻的思想背景和美学基础的。

　　"'所谓地域性的特色与民族风格,绝不只是形式方面的问题而已。普通讲到中国气派,常只提到民族形式。其实,形式和内容决不能分成两截,而风格正存在于内容与形式的统一。'但是,直到现在不少人讲到文化的民族性时,仍然只讲民族的形式。"❶ 基于这样的观点,在挖掘所谓民族风格时应从民族文化入手,而不应仅仅看到表面化的形式,否则,很容易盲目借用民族形式建造拼贴式建筑,不伦不类。

　　认识中国园林,如果仅从其表象的所谓"自由形式"来看待,舍弃其中众多的含义,中国园林的韵味将变得寡淡。我们很容易列举园林中蕴涵的中国文化元素,如苏州拙政园中的"与谁同坐轩",来自苏轼的词"与谁同坐,明月、清风、我",其中韵味,只能用东方的文化背景去品方能得其要义,不能只看到它是个临

❶ 张岱年,程宜山. 中国文化论争 [M]. 北京：中国人民大学出版社,2006：99.

水亭这一表象。

中国文化、思想、哲学的历史，就是一部阐释"道"的"合订本"。"文以载道"，中国园林亦如文章一般载道，这个"道"是形而上的无限领域。

"礼""乐"是儒家思想的两个基本范畴。

"礼"，不是指今天所说的礼貌、礼节，也不是客套的仪式。

"乐"，不是指今天所说的音乐欣赏，也不是弦管歌唱。

孔夫子说礼乐，但没有从表象来给它们一个概括与定义，而是着重表述了它们的精神内涵。所以，我们不能从儒家经典中直接找到它们的概括与定义，只能意会它们的精神。

北宋程颐说过："礼只是一个序，乐只是一个和，只此两字含蓄多少义理。"

这句话把礼乐概括得差不多了：礼的精神是"序"，乐的精神是"和"。

通俗地讲，礼是通过仪式和规范建立人、社会的秩序，乐是通过艺术的熏陶使人与人、人与社会和谐。

儒家著作《礼记·乐记》中写道：

"大乐与天地同和，大礼与天地同节。

和，故百物不失；节，故祭天祀地。

乐者，天地之和也；礼者，天地之序也。

和，故百物皆化；序，故群物皆别。"

礼乐互相依存，互相支持。要实现和谐，就要有秩序。

抓住礼序、乐和，就了解了礼乐的大概。

用"乐"来代表"和"的概念，是因为音乐本身就是音符曲调的和谐状态。通过音乐、艺术可以使人达到由内而外的和谐，发自内心的和谐。通过音乐艺术，让人回归本真的内在和谐的状态。之后延伸为用"乐"来代表人的自然性的"和"状态，不一定非是有音乐才是"乐"。

"和"是人的修养和社会状况的一种理想状态，要实现

"和"，途径就是"序"。"序"是"和"的条件。我们没有见过没有秩序的音乐。要想达成这个"和"的状态，就要先有秩序，就是要有"礼"。

"乐自内出，礼自外作"。"乐"是发自内心的和谐状态，"礼"是表现在外的形式秩序。因此，我们通常对"礼"的理解似乎是一种仪式、一种客套，至少是某一种外在的秩序。

"乐自内出"使人直接回到自然的本真状态，也发自内心地与其他人交流。这种"非正式交流"的方式，消除了彼此间地位、阶层、种族、性别等的差别，让人们的内心更好地维系在一起。"乐"的作用是直接的。

"礼自外作"，看上去是由外在的形式决定，实际上形式的目的是把其内涵烙刻在人的心里，从而影响人的身心和以后的行为。"礼"通过某种外在的形式，让参与这个仪式的人产生一种严肃的崇敬的心理。

从以上两点来看，"礼"和"乐"其实是一个统一的整体，它们的作用是一致的。

因此，大家不要反感"礼"的繁文缛节、仪式感、形式感，这正是"礼"作用的一种方式，也是一种诗意的方式，它的目的是通过这个仪式来规范人的行为，让社会更加和谐美好。

礼乐可以作用在每个人的日常生活中。对于一个人来说，上班的时候应严肃一些，仪式感强一些，着正装，是"礼"的表现方式；并不妨碍他在生活里是一个热爱自由的人，轻松愉快的人，生活里是"乐"的方式。

我在年轻的时候也曾经对行为准则的问题有过困惑，直到遇到了礼乐的思想才豁然开朗。这个思想，自然也渗透到了我的建筑设计理念中。

我认为，在当今这个飞速发展的时代，礼乐的思想仍然是有益的。它对于形成健全的人格是有帮助的，对于形成良好的社会秩序也是有帮助的。

当然，这些只是对于礼乐的概览，礼乐的深层含义要厚重很多。这里只是点到为止。

"礼乐传统"出自远古图腾歌舞、巫术礼仪的进一步完善和分化。周公制礼作乐，孔子则把它发扬光大，并且赋予其新的意义。孔子学说的核心之一就是"克己复礼"，克服自己的局限性，回到"礼"。

"礼"，冯友兰指出，实际上是表达主观情感的"诗"和"艺术"，通过这种方式规范人的社会性。

"乐"，有人考证在甲骨文中的原意大概是谷物结穗，与农作物的收获和喜庆有关，后来引申为喜悦感奋的心理情感。[19]

梁漱溟说："人类远离动物者，不徒在其长于理智，更在其富于情感。情感动于衷而形著于外，斯则礼乐仪文之所以出，而为其内容本质者。儒家极重礼乐仪文，盖谓其能从外而内，以诱发涵养乎情感也。必情感敦厚深醇，有发抒，有节蓄，喜怒哀乐不失中和，而后人生意味绵永，乃自然稳定。"[20]

礼乐的共同作用对整个中国传统社会的思想与行为乃至艺术方式影响很大，它起到了规范社会思想行为的作用，也对人们的审美态度产生了重要的影响。

举个有趣的例子来说明礼乐在古代社会的作用。清代雍正帝以杀伐重为大家所熟知，但却有多幅描绘他在闲暇时穿着汉族服饰在园林中休憩娱乐的绘画作品流传后世［图2-8、图2-9］，这个题材的画作很多，不是一个偶然的现象，是有意为之。

作为一个帝王，应该垂范天下，他这种类似今天的cosplay的做法，以及把这些行为绘制成画作流传于世的做法，符合社会思想行为的规范吗？答案是肯定的。他这样做是符合儒家思想的，是符合儒家礼

⑲ 李泽厚. 华夏美学［M］. 天津：天津社会科学院出版社，2001：30.
⑳《儒佛异同论》，见深圳大学国学研究所. 中国文化与中国哲学［M］. 北京：东方出版社，1986：441.

［图2-8］

清代《雍正帝行乐图》册，第十四页，故宫博物院藏。清雍正帝以杀伐重为大家熟知，但却有多幅描绘他在闲暇时穿着汉族服饰在园林、书房中休憩娱乐的绘画图册流传后世。他这种做法是符合儒家礼乐思想指导下的行为规范的。儒家除了讲究"礼"，还同时讲究"乐"，提倡"立于礼，成于乐"，提倡通过"乐"的"陶冶性情"来实现个人内在性情的提升。图片来源：《照见天地心——中国书房的意与象》展览，2022年。

［图2-9］

清代《雍正帝十二月行乐图》轴之《十月画像》（局部），故宫博物院藏。描绘雍正帝在闲暇时穿着汉族服饰在园林、书房中休憩娱乐的绘画很多，不是一个偶然的现象，是有意为之。这符合儒家"乐"的思想范畴与行为规范。图片来源：《照见天地心——中国书房的意与象》展览，2022年。

乐思想指导下的行为规范的。因为所有描绘他的所谓"行乐图"画面里的地点都是园林或书房，时间都是工作之余，氛围都是与其家人或仆从共享天伦之乐。这是符合儒家的"乐"的规范的，地点、时间、氛围都对。这个可以有。

因此，有了礼乐思想的支撑，雍正帝把自己在闲暇时的这种"怪异"行为曝光于天下，是没问题的。相反，这种行为恰恰在彰显他懂得礼乐。

礼乐传统对中国园林的影响有多个方面。

其一，陶冶性情。

《论语》里说"兴于诗，立于礼，成于乐"，加上"游于艺"，都是关于人格实现的描述。这种把道、德、仁、艺统一于一人，又把诗、礼、乐集于一身的思想，正是在宣扬以"陶冶性情"为主要目的华夏美学传统［图2-10］。

"乐"是通过陶冶性情，塑造情感以建立内在人性，来与"礼"协同一致地维系社会的和谐秩序。

"华夏文艺及美学既不是'再现'，也不是'表现'，而是'陶冶性情'，塑造情感，其根源则仍在这以'乐从和'为准则的远古传统。"

例如，苏州留园"揖峰轩"院落，透过窗洞可以看到半遮半掩的另一个院落空间，树木与建筑也互相遮掩，体现礼乐共同作用下的园林含蓄美，给人以和谐宁静的印象，"温柔敦厚"。中国园林所传达的美学可以陶冶性情［图2-11］。

园林就像是一座巨大的盆景，作为一个整体作品，就是在为园主人陶冶性情。这个审美基调，使中国园林的各种艺术表现形式有了美学理念的来源。

其二，含蓄之美。

我国传统文艺都是在"乐从和"的大框架下发展的，因此常给人以和谐宁静的印象。儒家经典《中庸》里写道："喜怒哀乐之未发，谓之中；发而皆中节，谓之和。"无怪乎现代的研究

山中蘭葉徑城外里
桃園豈知人事静
不覺鳥啼喧 丁酉之冬月
花盧寓意

[图2-10]

水墨兰草拙作。我在作画时，其目的不是为了"再现"兰草的姿态，不是"表现"画面中的事物，而是"陶冶性情"，塑造情感，把作画时的情感状态体现在画面里，进而传达给看画的人。这是华夏美学中"乐从和"的表达方式。儒家的"乐"是通过陶冶性情、塑造情感以建立内在人性，与"礼"协同一致地实现维系社会的和谐秩序。画面右下角的印章印文为"中隐"，取意于前文所述的白居易的《中隐》。中国园林与华夏美学可陶冶性情，也影响着我的生活与设计工作。从画中可见一斑。

[图2-11] 苏州留园"揖峰轩"院落。透过窗洞可以看到半遮半掩的另一个院落空间，树木与建筑也互相遮掩，体现礼乐共同作用下的园林含蓄美，给人以和谐宁静的印象，"温柔敦厚"。受礼乐传统影响，中国园林所传达的美学可陶冶性情。

者说："用西方的耳朵听来，中国音乐似乎并没有充分发挥出表情的效力，无论是快乐或是悲哀，都没有发挥得淋漓尽致。"[21]

礼乐共同作用下强调和谐的标准与尺度是"A"而非"A±"，是"中庸"的哲学尺度，所谓"乐而不淫，哀而不伤，怨而不怒"，即"温柔敦厚"。[22]

这个"乐"既是满足"人之所不免"的快乐要求的，同时又是节制它的。"从一开始，华夏美学便排斥了各种过分强烈的哀伤、愤怒、忧愁、欢悦和种种反理性的情欲的展现。""中国古代所追求的是情感符合现实身心和社会群体的和谐协同，排斥偏离和破坏这一标准的任何情感（快乐）和艺术（乐曲）。"[23]

"Ruth Benedict曾依据一些原始民族的调查研究认为，从一开始，文化就有酒神型和日神型的类型差异。日神型的原始文化讲求节制、冷静、理智、不求幻觉，酒神型则癫狂、自虐、追求恐怖、漫无节制。"即使不能说礼乐传统是日神型的，但至少它不是酒神型的。"Freud曾指出，现实原则战胜快乐原则是文明进步的必然条件。华夏文明发达成熟得如此之早，恐怕与'礼乐'传统的这一特点有关"。[24]

中国园林受礼乐共同的作用，其表现形式是含蓄之美。

园林中的各种弯弯曲曲的小径、九曲桥，都是"曲则生情"的含蓄美的表现。

园林中经常见到镂空的窗或者窗洞，窗对面的风景若隐若现，这同样也体现了含蓄之美［图2-12］。

园林中"翳然林水"的意境，也是不可一眼看穿的、遮遮掩掩的含蓄美。

其三，礼序乐和。

"《周礼·考工记》对建筑的要求，如对称的'井'形构图，都表明情感均衡的理性特色极为突出。甚至直到后世的浪漫

[21] 李泽厚. 华夏美学［M］. 天津：天津社会科学院出版社，2001：46.

[22] 同[21]：42.

[23] 同[21]：44.

[24] 同[21]：45.

[图2-12]
  苏州留园的镂空花窗，体现礼乐共同作用下的含蓄之美。

风味的园林建筑，也仍然有各种'路须曲折''山要高低''水要萦回'等规范。"

这段话说明古代的城市与主要宫室建筑都要符合"礼"的规范，理性而均衡。园林类建筑却有另外的要求。园林偏向"乐"的属性，其中"乐"的建筑拥有更加自由、更加符合人的自然性、更加贴近自然的形式。

这就是礼乐传统作用在建筑与园林上形成的礼序乐和的建筑空间，是两种不同的场所精神。

礼乐在园林中的体现是相辅相成、对立统一的。中国园林的建筑布局及园艺、小径、曲桥等处处体现"乐"的思想，但在园林主要建筑的室内陈设及题署方面却常常体现"礼"的精神。园林主要用房的"中堂"一定是对称布置的格局，正对房门的一定是一副甚至多副对联，中间有匾额题署，桌椅也一定对称地分列两侧［图2-13］。

"礼"和"乐"，共同构成了中国古代建筑文化的主要思想脉络。不同功能类型的建筑由于礼乐属性不同，其表现形式也截然不同。如果无视礼乐对古代建筑文化的影响，只是从形式角度去分析，很难理解其中的奥妙。

[图2-13]
　　苏州留园"看松读书轩"。尽管其室外环境处处体现"乐"的思想，但它的室内陈设与题署，却体现"礼"的精神。

美学根基：儒道互补

人们经常重视和强调儒、道的差异和冲突，却低估了二者在对立中的互补和交融。

儒道能互补，是因为二者在某些方面有内在一致性，它们想表达的内容有某种类似性，只是表达方式不同。

儒家讲"乐"，是想让人们放松，别总是太拘谨。这与道家提出的"人的自然化"命题有共通之处。道家提出的"人的自然化"这个命题，正好和儒家提出的礼乐和"自然的人化"，既对立，又互相补充。㉕

庄子激烈地提出的各种反束缚、超功利的人生态度，其实早就潜藏在儒家学说之中。㉖ 前面提到过的发生在孔子身上的"曾点气象"就是一个很好的例证。

道家讲究"养生"。庄子强调顺其自然，该来的来、该去的去，庄子的"鼓盆而歌"就是这个意思。这样不会与自己的情绪和自然规律过意不去，是"养生"。

儒家也"养生"。一个人遵守社会规矩，按照儒家的规范来行事最安全。守规矩，在纷乱的社会上才不会乱闯祸，保全自己，明哲保身，才能正常地工作和生活。这其实也是"养生"。

"儒道互补"这个说法就把儒家的中和礼乐与道家的恣意悠游互补作用于一身。

㉕ 李泽厚. 华夏美学 [M]. 天津：天津社会科学院出版社，2001："127.

㉖ 同㉕："140.

陶渊明一般被认为是"道"的代表人物之一，他留下了很多避世隐居的田园诗，前文提到过的《饮酒》诗就是代表作之一。即便如此，关于陶渊明是儒是道，历史上还是有很多不同的看法，如：

"渊明所说者庄、老。"——朱熹

"陶诗里主要思想实在还是道家。"——朱自清

"他虽然生长在玄学、佛学的氛围中，他一生得力处和用力处，却都在儒学。"——梁启超

"他并非整天整夜飘飘然，这'猛志固常在'和'悠然见南山'的，是同一个人。"——鲁迅

"惟求融合精神于运化中，即与大自然为一体。……自不致与周孔入世之名教说有所触碍，故渊明之为人实外儒而内道。"——陈寅恪

从儒道互补的视角，就更能理解陶渊明的诗文及其种种人生选择，就不必再纠结他到底是儒还是道。

苏轼是个把儒道互补发挥得很充分的人物。李泽厚在《美的历程》中写道：

"苏轼一方面是忠君爱国、学优而仕、抱负满怀、谨守儒家思想的人物，无论是他的上皇帝书、熙宁变法的温和保守立场，以及其他许多言行，都充分表现出这一点。这上与杜、白、韩，下与后代无数士大夫知识分子，均无不同，甚至有时还带着似乎难以想象的正统迂腐气（例如责备李白参加永王出兵事等）。但要注意的是，苏东坡留给后人的主要形象并不是这一面，而恰好是他的另一面。这后一面才是苏之所以为苏的关键所在。苏一生并未退隐，也从未真正'归田'，但他通过诗文所表达出来的那种人生空漠之感，却比前人任何口头上或事实上的'退隐''归田''遁世'要更深刻更沉重。"

他对社会的退避，不是缘于政治杀戮的恐怖，而是"无法解脱又要求解脱的对整个人生的厌倦和感伤"，"对整个存在、宇

[图2-14]
　　苏轼的《古木怪石图》。苏轼是儒道互补的典型。他的书画有时会体现"无法解脱又要求解脱的对整个人生的厌倦和感伤"。

宙、人生、社会的怀疑、厌倦和无所希冀、无所寄托的深沉喟叹"。

　　苏轼画的《古木怪石图》[图2-14]，其画面左侧以快速有力的旋转笔法刻画一块怪石，画面右侧以干枯笔法刻画一株枯树，甚至那扭曲的树干还转了一个弯，姿态虬屈，给观者强烈的视觉冲击。米芾在《画史》中说："子瞻作枯木，枝干虬屈无端。石皴硬，亦怪怪奇奇无端，如其胸中盘郁也。"意思是说：东坡画的这个枯木，它的枝干没有来由地卷曲，石头皴得很硬，也是没有理由的奇奇怪怪，这些都是他心里盘结郁气的体现啊。

　　苏轼的书法与画作都是他思想统领下的游于艺的一种体现，他的思想也是儒道互补的典范，使他在各种人生沉浮的际遇之中始终有一种乐天的气象。这种儒道互补的乐天的气象，与中国园林的精神内核正好相通。

　　苏轼的这个状态，其实就是中国园林要呈现的状态。

　　儒道互补，可以认为是儒道共同作用于一个人，互相补

[图2-15]

苏州拙政园的一对墙壁题署
"读书""听香"，位于一处檐
廊左右两侧。读书，是儒家的
耕读的精进与现实的努力；听
香，是道的感受天地与回归自
然。既要读书，也要听香，互
为补充，共同完成了一个人的
人格。儒道互补，常常会体现
在中国园林的精神内核里。

充，难分彼此，共同成就了一个人的完整人格。

儒道互补作为一种精神状态，体现在人身上，首先是一种生命状态，进一步才显现在表象，而后才呈现在作为人的活动载体的园林里。

中国园林从来不是以造园技巧或技术为出发点来设计的，而是以人的意趣为出发点来设计。什么样的人造什么样的园。

我们以儒道互补的视角再次观察陶渊明、白居易、苏轼后会发现，就是这样的人最适合生活在园林里，也最适合造园，他们能把园林的意趣发扬出来。

儒道互补，或者说亦儒亦道，给中国园林更多的发挥空间。这表现在园林所承载的各种传统艺术门类当中，绘画、书法、文学、园艺，等等。

儒道互补也随着园主人的精神状态体现在园林的形式与内容里。

苏州拙政园的一对墙壁题署"读书""听香"[图2-15]，位于一处檐廊左右两侧。"读书",是儒的耕读的精进与现实的努力;"听香",是道的感受天地与回归自然。既要读书,也要听香,互为补充,共同完成了一个人的人格。

儒道互补思想会影响造园的风格与表现形式。

在当今这个时代,儒道互补思想仍然鲜活地体现在生活里,对我们的生活产生影响。这种思想也影响了我的创作观念,包括日常的建筑设计与绘画的创作[图2-16]。

[图2-16]

水墨拙作《青草三间亭下》。笔者在创作时体会"物我两忘"的状态,画面中的主题与画面外的作者相互影响。这种思考方式是因为笔者受到《庄子》即道家思想的影响;整个画面的工整与秩序感,来自儒家的中和之美的影响。儒道互补,促成了这幅作品风格的形成。

美学根基：魏晋风度

"竹林七贤"，既不是英雄豪杰也不是帝王将相，甚至感觉还挺颓废，凭什么被后世的人们津津乐道？

因为他们是魏晋风度的重要人物，人们在谈论他们时其实是在谈论魏晋风度。

六朝时期，社会动荡，文人、士大夫的处境堪忧。清谈之风盛行，玄学大行其道。这个时期的士人所表现出来的"异常"举动给后世带来无尽的谈资与想象空间。鲁迅先生就写过一篇文章《魏晋风度及文章与药及酒之关系》，专题谈论魏晋风度。

冯友兰在论述"魏晋风流"时总结了四点，即："必有玄心""须有洞见""须有妙赏""必有深情"。

宗白华先生在他的《论〈世说新语〉和晋人的美》一文中也曾总结过这个特殊的历史时期，他用几个"最"来定位："中国政治上最混乱、社会上最痛苦"，"精神史上极自由、极解放，最富于智慧、最浓于热情"，"最富有艺术精神"，"人心里面的美与丑、高贵与残忍、圣洁与恶魔，同样都发展到了极致"。㉗宗先生还把魏晋时期的"气韵生动"归为中国传统文艺的基本特征之一。

那个动荡的时代却激发出了中国很多艺术门类的高峰状态。那个时代的人的生命状态是追求天然与率真，可能正是这种状态，使那个时代的文化艺术冲破了汉代"独尊儒术"的束

㉗ 胡继华，宗白华：文化幽怀与审美象征 [M]．北京：文津出版社，2004．216．

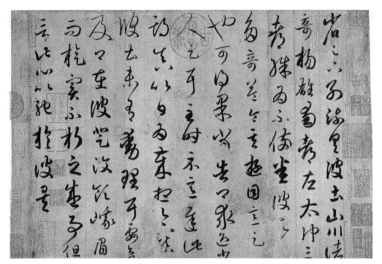

[图2-17]

魏晋时期王羲之草书《游目帖》。晋人书法体现天然与率真的生命状态。

缚，思想开放，神思飞扬，气韵生动［图2-17］。

魏晋时期诞生了隐逸的名士、诗人陶渊明；出现了像王羲之这样的大书法家，书法在这个时期上升到了美学的高度；出现了山水诗人谢灵运，对后世山水诗与画产生了极大的影响；还出现了"竹林七贤"这样的名士，竹林雅集，任诞率真。这些虽然都是具体的个案，但整体性地表现出晋人的"风流"与独立而飘逸的人格特征，不羁甚至怪诞的处世态度与行为，气象万千的人格魅力。

那个"世说新语时代"，对于后世中国各类文艺的意义、对于华夏美学的意义都是不可低估的。

中国园林的审美心态，到魏晋六朝时期才真正形成。这个时期，人们实现了美的觉醒，反映到心态上，表现为不是以物质的需要而是以精神的安顿为目的来欣赏园林。

中国园林在文化渊源上受魏晋风度的影响可体现在：

其一，隐逸文化。

前文已经论及中国古典园林与隐逸文化的关联。"世说新语时代"正是社会动荡，士人推崇玄风、清谈的时代，正是隐逸现象广泛存在于士人之中、隐逸文化达到一个高潮的时代，这样的时代必定要成为后世归隐的楷模，隐逸文化也随之进入园林的精神内涵。

其二，率真任诞。

那个时代的人的率真本性，带给后世念念不忘的回响，它不断影响着后世的主体审美态度与客体审美对象。主体审美态度就是对审美的人的影响；客体审美对象就是人观赏的美。

除了率真之外，我们甚至可以认为魏晋时期任诞的审美趣味是有些病态的。"名士"这个词，在一定程度上也被后人认为是放诞的代称，宽袍大袖，吃药行散，大家饮酒。

很多名士都因为长期服食五石散、海量饮酒、放浪形骸而导致身体不怎么健康，再加上那个时代标榜瘦弱的病态美，因此他们的审美情趣是有些病态倾向的。这对后世文人的审美情趣也产生了一定影响。这样的影响又随着园主人的审美情趣自然而然地传递到园林中去了，有些园林的表现形式就有病态审美的倾向。

这些任诞的审美趣味折射出文人的深层心理景象。在这样的审美趣味下，才能使"写字"这样的技艺发展成"书法"这种反映人心性的艺术。这就难怪为什么会在魏晋时期发展出那么精彩的书法艺术。

人的心灵自由了，才能率性；因率性而显得任诞；因任诞，在外人看来有些病态。好的设计往往跨越了技巧、能力、态度而达到修为的状态。因修为而产生的设计，常超出一般人的欣赏范畴。

其三，复杂审美。

中国古典园林里有一种审美倾向：把形式弄复杂，复杂到远超出其基本功能，达到满足更复杂的心理体验的状态。这个审美源头就是来自于魏晋风度，来自于这种不羁的审美情趣。为了这样的审美情趣，也为了实现这样的丰富体验，造园时不惜做出特别复杂的设计形式。

比如苏州拙政园里的一处游廊［图2-18］，其复杂程度已经超出正常游廊的形式，除了在水平方向左右扭转之外，在竖向上也跌宕起伏。

这样的形式其实很具有当代建筑的设计气息。这样对比分析中国古典园林设计与当代建筑设计其实很有意思。例如，现代主义之后的某些建筑实践，越弄越复杂，也越来越有趣味，文丘里还专门写了本《建筑的复杂性与矛盾性》，直接高呼建筑要有复杂性和矛盾性。

魏晋风度的产生是基于当时复杂而矛盾的社会状态，这种社会状态引发了人的复杂而矛盾的心理状态，从而使人的审美情趣也变得复杂而矛盾。这种审美情趣成为当时的一种潮流，影响了中国古典园林的审美。因此，中国古典园林的审美情趣具有复杂性和矛盾性。

中国园林里的太湖石，有它独特的美［图2-19］。它的评价标准是：瘦、透、漏、皱。我们已经习以为常，但如果是第一次听到这个审美标准、第一次见到真实的太湖石，会是怎样的错愕与不解：这个审美标准不是有些病态吗？为什么会是这样的标准？这是后世文人造园时传承了魏晋时期的审美情趣。

其四，魏晋典故。

《世说新语》中记载了许多魏晋时期的有趣的故事，这些人、这些名士的事，成为一组群像。这些以天真烂漫、率真任诞为特征的人和事，也成为后世造园人取之不尽的灵感与精神的投影源。这个时期的故事与言论常常被引用于园林中，以体现一种"风流"的气韵。

［图2-18］
苏州拙政园的一处临水游廊，除了在水平方向左右扭转之外，在竖向上也跌宕起伏，还在局部与湖石结合。这样的设计带给人更有冲击力的丰富的游览体验。它的审美源头就是魏晋风度，来自于这种不羁的审美情趣。

［图2-19］
苏州网师园"香睡春浓"庭院的太湖石，符合瘦、透、漏、皱的评价标准。这种审美标准有些病态倾向，后世文人在传承魏晋时期的审美情趣时，也把它转移到了园林中。

苏州留园的"舒啸亭"［图4-32］，名字就取自陶渊明《归去来辞》中"登东皋以舒啸，临清流而赋诗"的诗句。魏晋时期人们有一种特殊的才能——啸，"竹林七贤"里的嵇康也是擅长"啸"的人。舒啸，大概就是舒畅地啸，站在高处，能让啸的声音听上去更舒畅。因此，留园的"舒啸亭"就是建在一处人造小山顶上，你想到达那里，得先拾级而上，站在山顶亭子里，四外豁然开朗，自然就想啸一声。这样来看，这个亭子的名字起得很贴切，还有魏晋典故加持。

北京北海公园的"濠濮间"［图2-20］，名称来源于《世说新语》里的故事："简文入华林园，顾谓左右曰：'会心处不必在远，翳然林水，便自有濠、濮间想也，觉鸟兽禽鱼自来亲人。'"这段话的意思是：简文帝进了华林园，回头对他的左右随从说："能让人心神会通的地方不一定非要在远方，只要有树木池水荫蔽掩映，自然就会有（庄子）濠水、濮水上的出世之想，甚至觉得鸟兽禽鱼都会自己来亲近。"

这个典故其实还有另外的典故藏在"濠、濮间想"这句话里。"濠"是濠水，就是前文提到过的庄子与惠施进行"子非鱼安知鱼之乐"的著名辩论的地方。"濮"，是濮水，庄子曾经在濮水钓鱼，楚威王派人去请他出来做官主政，庄子不干，表示宁可做一只在泥巴中爬的活龟，也不愿做一只供在庙堂里的死龟。这两个故事都出自《庄子·秋水》，都是庄子出世思想的典故。魏晋时期，人们特别喜爱像《庄子》这样的玄学，因此简文帝在华林园游览时，一时兴起，信手拈来。

苏州沧浪亭"仰止亭"的楹联［图2-21］是："未知明年在何处，不可一日无此君。"出自《世说新语·任诞》："王子猷尝暂寄人空宅住，便令种竹。或问：'暂住何烦尔！'王啸咏良久，直指竹曰：'何可一日无此君？'"这个故事是讲：王子猷（他是王羲之的儿子）好竹，有一次在外住人家的空宅子，马上就命令手下赶紧种竹子，有人就问他："只是暂时借住一下，这样太

[图2-20]
北海公园"濠濮间",其名称来源于魏晋时期《世说新语》中东晋简文帝入华林园"濠濮间想"的故事:"会心处不必在远,翳然林水,便自有濠濮间想也"。

［图2-21］
苏州沧浪亭"仰止亭"的一处楹联："未知明年在何处，不可一日无此君。"语出《世说新语》中王子猷好竹的典故。虽时代变迁，人们对"魏晋风度"带来的独特美学享受与美学范畴却代代相传。

麻烦了吧？"他并没有马上回答，只见他对着天空啸咏（看来他也会啸）了很久，才指着竹子说道："怎么能一天缺少这竹君呢？"

后世的很多园林，都继承了这种爱竹的任诞率真，也有类似的楹联或题署，或许是园主人为了表示自己思想"直通魏晋"吧。在书法评论领域，如果说谁写的字"直通魏晋"，那就是最高的赞美了。

中国古典园林就是承载这一精神的载体。人们在园林中找到了发挥想象力的空间，找到了与魏晋风度的古人交流的途径。

现代人还需要这些吗？

"人同此心"。

美学根基：
唯道集虚

"唯道集虚。虚者，心斋也。……虚室生白，吉祥止止。"——《庄子·人世间》

"静则明，明则虚，虚则无为而无不为也。"——《庄子·庚桑楚》

《庄子》里有很多精彩的文字，其文学性与其哲思具有同样高度。

王其亨先生对中国的亭子有一个精辟的观点："亭"的意义是"虚"［图2-22］。正好对应了《庄子》的"唯道集虚"。

确实如此，亭子是只有顶盖、四周完全向外敞开的建筑物，以中国传统建筑文化的理论来看，它们都是"集虚"的载体。

我们在谈到建筑空间时，就是在谈论"虚"。

建筑有虚与实，建筑围合成的空间是"虚"，建筑本体是"实"。

"无"是"虚"，"有"是"实"。

关于这个话题，《道德经》里有描述建筑与空间的有无关系的专门章句："三十辐共一毂，当其无，有车之用。埏埴以为器，当其无，有器之用。凿户牖以为室，当其无，有室之用。故有之以为利，无之以为用。"

意思是说：三十根辐条共同支撑着车毂，那车的空间，是车的功用。揉搓黏土制成器具，那器的空间，是器的功用。开门窗，凿窑洞为居室，那居室的空间，是居室的功用。因此，

[图2-22]

苏州留园的"至乐亭"。"亭"的意义是"虚"。正如《庄子》所云:"唯道
集虚。虚者,心斋也。"

"有"是物体形成的条件,"无"才是物体功用之所在。❷⁸

老庄所谈的"虚",对中国人的思维范式影响
很大,涉及方方面面。

中国戏曲表演的舞台幕布,是以"虚"的方
式代表一切表演背景,幕布就是留白,让观众对每
幕戏剧情节的舞台背景进行遐想,就像是水墨画的
留白一样。这样的表现方式,中国人已经习以为
常,不会去想为什么这幕戏曲没有具体写实的舞台
背景。

正如中国人看到空灵的水墨画大量留白,都
不会去质疑画家为什么没画出环境背景。因为,

❷⁸ 翻译摘自中华书局2014年出版的《老子》,汤漳平、王朝华译注。

留白，或者叫"虚"，已经在历史的久远熏习中，让中国人的思维范式对此习以为常，好像本来就应该这样表达。

中国画的留白，能带给人更多的余韵。

画家潘天寿这样论述过中国画的虚实：

"中国画的布置极注意有虚有实，西画不大谈这个问题，往往布置满幅，一幅之中几乎都是实的。虚者空也，就是画幅上的空白，空白布置不好，实也布置不好；空白搞得好，实就能搞好。老子说的'知白守黑'就是说黑从白现，深知白处才能处理好黑处。然而一般人只注意在画面上摆实，而不知怎样摆虚，他们不懂得摆实就是布虚，布虚就是摆实的道理。任何一样东西在空间都不可能没有环境背景的，西洋的绘画将自然存在表现于画面上，所以总是布实的。然而中国画却是根据眼睛视觉的特点来画画的。眼睛看东西必须听脑子的命令，脑子命令看某物，就注意某物，脑子命令看某物的某点，就注意某物的某点，其他就不注意了。比如我们看一个人的脸，就忘掉了身体，看到鼻子就会忽视嘴，不可能如摄影机一样，在视域的范围内一丝不漏地全部录下，就是《论语》中所谓的'心不在焉，视而不见'，这不正是制约眼睛看东西的特点吗？中国人的作画，就是以视而不见作根据的。视而不见就无物可画，无物可画，就是空白，有了空白，也即是有了可不必注意的地方，于是主体就更注目和突出，这就是以虚显实。"[29]

[29] [M]. 叶留青，等. 潘天寿论画笔录. 记录整理. 上海：上海人民美术出版社，1984："25","26".

中国园林造园的理念和中国画的画论是一脉相承的。古代都是文人在造园，很多造园人同时也是画家，同时，园林也在影响着文人的画与书法。清代的李渔一生造过三座园林；明代的文徵明与拙政园有过几番书画唱和。因此，我们从画论可以反观园林的"虚"的思想。

"虚"是留白，留出更多遐想的空间，让人

識曲知音自古難瑤琴幽操少人彈紫莖

綠葉生空谷俳耐風霜歷歲寒 余寫

蘭好簡且無山石 丙申秋 北盧

[图2-23] 笔者水墨兰草拙作。画面的大部分均留白，未着一
笔，并且还把右上角兰草最长的叶子隐于画面之外，
给人以余韵悠长之感。这种思想来源于《庄子》所说
的"唯道集虚"。"虚"是留白，留出更多遐想的空
间，让人自己去思考。每个人的思考方式不同，可以
根据自己的方式遐想，去补足那个"白"与"虚"。

自己去思考。每个人的思考方式不同，可以根据自己的方式遐想，去补足那个"白"与"虚"[图2-23]。

园林里的空间，就是在虚的状态里组合。园林里的"虚"有多种表现形式，除了亭子，我们还会看到其他的大量的"虚"。

一座座穿插渗透的院落是"虚"。园林的院落不拘泥于宫室建筑那样一进进的严整的空间组合，而是以融合渗透的方式灵活地组合在一起，发挥了"虚"的融合性。

一条条蜿蜒的游廊是"虚"。园林里的游廊不像在宫室建筑中那样方正，而是蜿蜒曲折、跌宕起伏的，展现了"虚"的灵动与连绵不绝[图2-24]。

一个个镂空的窗洞门洞是"虚"。园林里的门窗洞不像宫室建筑里那样严整，而是通透的、自由的，体现了"虚"的空灵[图2-12]。

一处处挤出来的边角小空间是"虚"。这些小空间充当了园林里大的景致的边角，却一点不会敷衍了事，总能做得漂亮、可爱，体现了"虚"的亲切[图2-25]。有了这一点"虚"的画纸，就可以在这里添上一笔自然的画意，几竿竹枝就成了天成的画作。

"虚"，是创造出让人思考的余地，没有思考余地的空间是乏味的空间。在建筑领域，有了"虚"才有空间。在生活中，有了"虚"，才有更多的闲情逸致，才可以处于一种不紧张的状态中，才有更多的创造性思考。

中国园林正是造园人处于闲情逸致中而创造的空间模式，在这个"虚"空间里填充各种思考与意趣。

[图2-24]

　　苏州拙政园"柳荫路曲"游廊。园林中的"虚"有多种表现形式，游廊展现了"虚"的灵动与连绵不绝。

［图2-25］

苏州留园的一处小空间是"虚"，它充当了园林里大的景致的边角，却一点不会敷衍了事，总能做得可爱，体现了"虚"的亲切。有了这一点"虚"的画纸，就可以在这里添上一笔自然的画意，几竿竹枝就成了天成的画作。

态度

> 『涧分南北两源通，
> 绕转春山翠几重。
> 偶尔混然成一派，
> 滔滔东去共朝宗。』
>
> ——（宋）陈岩《合涧》

第三章　态度

——中国园林与当代建筑会合的态度

文化自觉的美学态度

对于中国园林，文化自觉的态度首先是要从心里认识到中国园林的好。

了解中国园林在传统文化中的价值和意义，正是本书上一章所写的内容。

有了对中国园林文化源流的清楚认识，就可以了解园林在当代与未来的建筑实践中可能发挥的作用。但是也要清醒地认识到，我们并不是复古式地应用。

本书把中国古典园林与当代建筑并置，实质上触及了近现代关于中国文化的两大论争问题——中西问题与古今问题。这里我们撇开纷纷扰扰的各种主张，仅以后文的论述为基准。

以张岱年、程宜山所著《中国文化论争》[1]一书中的概括为依据。关于中国文化的论争，"按其演变的线索大体可分为四个阶段。第一个阶段是从明万历、天启年间耶稣会传教士的东来到清朝的雍正元年（1723年）。第二阶段是从鸦片战争爆发（1840年）到五四运动前夕（1919年）。第三阶段是从五四运动到中华人民共和国成立。第四阶段则从1981年开始"。

"16世纪以来的文化论争，各家观点虽纷纭繁杂，但大体上不出四种类型：一是国粹主义的；二是全盘西化论；三是在这两个极端之间调和折中立场的；四是主张发扬民族的主体精

[1] 张岱年，程宜山. 中国文化论争[M]. 北京：中国人民大学出版社，2006.

神，综合中西文化之长，创造新的中国文化。我们认为，这四种类型的主张，唯有第四种是正确的。"

关于中国文化的论争，本书不再详论，我更希望把关注点放到美学范畴。

不论传统文化中的各种思想是否适用于当代生活，其审美态度和美学意义在当代总归是有价值的。不论传统文化的思想范式在当代是否有行动的指导意义，研究传统文化美学在当代建筑上的应用是有意义的。

以一个建筑师的视角看去，美学层面的事情更具有实操性。当然这个审美范畴不仅是视觉的审美，而是综合的整体的美学意义，是对美的综合认知。这似乎是一种避重就轻的选择。传统文化与当代性的问题讨论过于复杂，远远超出本书的涉及范围。

本书所说的"文化自觉"，是借用费孝通先生的观点：它指生活在一定文化历史圈子的人对其文化有自知之明，并对其发展历程和未来有充分的认识。

文化自觉是生活在一定文化中的人对其文化有自知之明，明白它的来历、形成过程、所具的特色和它发展的趋向，不带任何"文化回归"的意思。

不是要"复旧"，同时也不主张"全盘西化"或"全盘他化"。

费孝通先生的"文化自觉"是在面对经济全球化的历史发展时刻提出来的。

如果一种文化，不能与当代对话，不能找到恰当的方式切入当代人的生活，那它将是一种缺乏活力的文化。帮助它找到与当代对话的机制，使古老的文化焕发生机，应该保持一种自觉性。

原来一个以"时间"为向度的"现代性问题"，在全球化脉络里，已转为一个以"空间"为向度的"全球性问题"。现代性问题涉及传统与现代二者之关系，全球性问题涉及的则是全球与地方（本地）二者的关系。

全球化不是全球"淹没"了地方，而是激发了地方（本土）文化。

选择"文化自觉"来表达对建筑本土化语境的思考，是因为这个形而上的词，有助于使设计实践不流于"民族形式"的重复，偏向于对设计实践的本土化哲学和美学体系的思考和实践，对自己文化体系有自知之明。

对于中国园林，文化自觉的美学态度是个值得提倡的态度。

不能把中国园林像古董一样放在博古架上、博物馆里，而应该让它在当代的建筑语境中发声。并且，要用恰当的方式发声。用什么样的态度与方式发声，就是下文我要表述的态度——"批判的地域主义"。

『批判的地域主义』

　　肯尼斯·弗兰姆普敦（Kenneth Frampton）在他的《现代建筑：一部批判的历史》一书中倡导了"批判的地域主义"（Critical Regionalism），并以此作为对抗全球化建筑思潮的一个理论工具。

　　简单说，就是重视当地的建筑人文特色，但是经过"批判"或者说反思后才加以借鉴与应用，既不是盲目地重复其文化符号，也不是对地域性不闻不问。这个理论是本书关于当代建筑向中国古典园林借鉴的实践态度，也是我作为建筑师在设计实践中所秉承的设计原理。

　　崔愷院士在他的演讲《本土设计的思考与实践》中提到："我不想强调民族的形式，我觉得应该用更全面、更综合的方法和观念来看待文化传承的问题。国际上曾提出'地域主义建筑'，尤其是弗兰姆普敦先生倡导的'批判的地域主义'——我的很多观点是从他的理论当中学到的。"❷

　　"地域主义"在当前全球化语境下又一次兴起，是由于当前各地域文化与全球文明正在遭遇不同于以往任何一次的碰撞与交融。它们的相遇并不是真正意义上的对话，全球文明以前所未有的规模和速度"入侵"了地域文化。狭隘的地域主义所采取的保守与限制的策略最终将无法使地域主义文化在全球化的大潮中生存并发展。

❷ 庄雅典. 建筑的起点：著名设计师演讲录 [M]. 北京：北京大学出版社，2016

此时需要的是开放的地域主义。

"批判的地域主义"❸就是这样一种开放的地域主义,它对时代开放,对新的生活方式与意识形态开放,对新的材料与技术开放。它的出现是必然的。

这个词乍一看会不知所云,甚至会产生某种反感情绪:为什么要"批判"?为什么不是"创新的地域主义"这种更容易理解的用词?

1981年,希腊学者亚历山大·仲尼斯(Alexander Tzonis)和丽安·勒法维(Liane lefaiyre)在他们的文章《地图的坐标方格与小径》中首次使用了"批判的地域主义"一词。在解释"批判的"和"地域主义"两个词时,仲尼斯和勒法维强调,通过使用"批判的"一词,"地域"被看成一个机会,而不是一种反面的限定。

弗兰姆普敦在他的《现代建筑:一部批判的历史》一书中用一章"批判的地域主义:现代建筑与文化认同"来介绍"批判的地域主义",从而扩大了它的影响。

弗兰姆普敦所说的"批判的地域主义",其本质还是在强调现代主义的延续性。他在《地方形式与文化特征》一文中说道:"我们并不认为要建立一种史无前例的建筑形式,相反,我们知道,自己的任务是适度恢复一个设计运动(现代主义运动)所具有的创造性力量。"地域主义建筑是现代主义建筑发展中的一个重要组成部分,现代建筑的进步意识是具有积极开放意义的地域性的存在基础。

❸ 肯尼斯·弗兰姆普敦. 现代建筑:一部批判的历史[M]. 张钦楠,等译. 北京:生活·读书·新知三联书店, 2004: 362. 哈威尔·汉弥尔顿在他的报告《地区主义和民族主义》中,首次提出了限制性和开放性地区主义的恰当区分:"与限制的地区主义相反的是另一种地区的表示,特别是开放的地区主义。这是个地区的思想合拍。我们要保持与时代涌现的思想合拍,把这种表示为'地域性',是因为它还没有在其他地方涌现。这种地域精神比寻常的更为觉醒、更为开放。"

"批判"具有双重意义：一是对国际主义建筑通用的功用主义的批判；二是对传统的地域主义滥用地方特征要素，随意引用高度类型化的地方构件进行复制式的设计，代替了现代主义而又成为一种新的"地方国际式"的批判。

它是一个批判性的"后锋派"，必须使自己既与强调高技术的建筑演化相脱离，又与始终存在着的那种退缩到怀旧的历史主义或油腔滑调的装饰中去的倾向相脱离。

弗兰姆普敦指出："批判的地域主义"并不是一种风格，而更属于一种倾向于某种特征的类别，这些特征，或更恰当地说是态度，或许可以用下列叙述作出最佳的总结❹：

（1）批判的地域主义应当被理解为一种边缘性的实践，尽管它对现代化持有批判态度，仍然拒绝放弃现代主义建筑遗产的解放和进步的内容。

（2）批判的地域主义自我表现为一种自觉地设置了边界的建筑学，与其说它把建筑强调为独立的实物，不如说它强调的是建造在场地上的建筑物能有识别感。

（3）批判的地域主义倾向于把建筑体现为一种构筑现实，而不是把建造环境还原为一系列杂乱无章的布景式插曲。

（4）批判的地域主义的地域性表现是：它强调某些与场地相关的特殊因素。它把地形视为一种需要把结构物配置其中的三维母体；它把光线视为揭示其作品的容量和构筑价值的主要介质；与之相辅的是对气候条件的表达反应。批判的地域主义反对"普世文明"试图优化空调之类的做法，它倾向于把所有的开口处理为微妙的过渡区域，有能力对场地、气候和光线作出反应。

（5）批判的地域主义对触觉的强调与视觉相当。它认识到人们对环境的体验不限于

❹ 肯尼斯·弗兰姆普敦. 现代建筑：一部批判的历史 [M]. 张钦楠，等译. 北京：生活·读书·新知三联书店，2004：369.

视觉。它对其他的认知功能同等敏感：触觉、听觉、嗅觉等视觉体验之外的知觉体验同样重要（这与本书第四章提倡的中国园林的"眼耳鼻舌身意的建筑感知"相通）。

（6）它试图培育一种当代的、面向场所的文化，但又（不论是在形式或技术的层面上）不形成封闭感。

（7）批判的地域主义倾向于在那些以某种方式逃避了普世文明优化冲击的文化间隙中获得繁荣。

弗兰姆普敦还在书中提到了一些典型人物。以我们所熟悉的著名建筑师安藤忠雄为例就可以体会"批判的地域主义"在实践中的表达方式。

安藤忠雄通过他的多个建筑作品树立了自己独特的建筑路线。在他的建筑作品中，我们看到的是现代的建筑材料（如混凝土这一安藤的标签式材料）、现代的建筑手法（如方盒子建筑）、现代的建造技术，等等。但是，透过所有这些建筑表象，我们依然能感受到他所要传达的日本的地域文化气质，能感受到"禅"的意境与东方的神秘感［图3-1、图3-2］。而这一切却又是那么贴切、自然、不事张扬。

这就是安藤把他所在环境的地域文化应用于当代建筑实践中的方式。

他游历欧洲，研习了第一代现代主义大师的建筑作品，但他本人的作品却异乎寻常地具有"批判的地域主义"特征，使之比他所师从的东西更加进步。弗兰姆普敦对安藤的建筑作如下评论："建筑虽然运用了现代材料、工法和构成，但还是能够从中感觉到日本人特有的空间感觉。"安藤对周围的环境，特别是对地形以及这里原有的树木都进行了细致处理，他的作品被弗兰姆普敦作为"批判的地域主义"理论的实践作品。❺

❺ 安藤忠雄. 安藤忠雄论建筑［M］. 白林，译. 北京：中国建筑工业出版社，2002：35.

[图3-1]
安藤忠雄设计的"水御堂"。安藤的作品具有"批判的地域主义"特征，使之比他所师
从的欧洲现代主义的东西更加进步。 图片来源：FRAMPTON K. Tadao Ando Light And
Water[M]. America: The Monacelli Press, 2003.

[图3-2]

安藤忠雄设计的城户崎邸（Kidosaki House）。在他的建筑作品中，我们看到的是现代的建筑材料（如混凝土这一安藤的标签式材料）、现代的建筑手法（如方盒子建筑）、现代的建造技术，等等。但是，透过所有这些建筑表象，我们依然能感受到他所要传达的日本的地域文化气质，能感受到"禅"的意境与东方的神秘感。这些都是"批判的地域主义"理论的特征。图片来源：FRAMPTON K. Tadao Ando Light And Water[M]. America: The Monacelli Press, 2003.

1999年，在北京召开的国际建协（UIA）第20届大会上，《北京宪章》中提出了建立"全球—地域建筑学"，以及"现代建筑地域化，地方建筑现代化"的口号。地域建筑学的研究正在世界范围内受到关注。

论述清楚"批判的地域主义"，就说清楚了我所秉承的关于当代建筑向中国园林借鉴的核心方式与态度。

"批判的地域主义"对中国建筑师的影响早已存在多年。崔愷院士的设计理念就受到了"批判的地域主义"的影响。同时他也感觉到，这个词的可接受程度不够高：为什么不是"创新的地域主义"或者别的什么词？"地域主义"这个词似乎给人一种在边缘的感觉。在融合了他自己的理解后，他把这个词进行了改造，提出了属于他的"本土设计"理念。

　　本书仍使用"批判的地域主义"这个词，未作演变与修改，因为它是最早概括这类含义的建筑学专用词汇，更通用一些。

古今艺术同构

　　我的一个基本的艺术观是：古今艺术同构。简而言之，即从古至今，主要艺术表达就其根本美学原理而言是等同的、同构的。

　　我们没有必要把古今的艺术作品完全割裂开来看待。艺术并不是孤立存在的，古往今来，各种艺术都在同一宏观层面的美学框架下产生并发展。

　　艺术的基本因素是情感。古人和今人就基本情感而言是相通的，读古人的文艺作品仍能有共鸣，就是这个原因，不受时代的制约和影响。无论时代、社会环境如何变迁，以人的情感为出发点的艺术总有相似的灵感。

　　我们以八大山人的水墨写意花鸟画为例［图3-3］，就中国画与现代绘画的对话来略作探讨。八大山人的作品所流露出来的思想性与形式感完全可以理解为是现代艺术的概念。其画面简约，与很多现代艺术的风格相同；笔墨具有抽象性、非写实性，与现代艺术的表现方式相同；意在表达个人作画时的情感，而非再现一个现实画面，这也与现代绘画的志趣相通。八大山人的作品能做到跨越数个世纪而永存美术史，为其后许多历史时期提供范本，本身就是一个很好的例证，说明了古今艺术是互通的。

　　最古老的可以是最现代的，最现代的也可以认为是最古老的。

　　我们可以进一步将新石器时期的陶器绘画［图3-4］与西方现代的放弃透视、放弃光影的绘画［图3-5］作品相比较。

[图3-3]

八大山人画作。八大山人的作品所流露出来的思想性与形式感完全可以理解为是现代艺术的理念，由此可见古今艺术是互通的。

❻
宗白华. 宗白华讲稿 [M]. 南京：江苏教育出版社，2005：124.

我们也可以把河南新郑出土的铜爵 [图3-6] 和现代著名雕塑家亨利·摩尔的雕塑作品相比较。它们虽跨越几千年的时间，却存在着共通之处。

宗白华先生在艺术学讲稿中说："印象派画多明亮，非其故增色彩，盖其看法中即如是鲜明也。中国山水多描写远景，一目千里，将色调改为平面，盖为一种远景之看法，故不但写实，且暗合印象派画法。"❻

宗先生将古代中国山水画与近代西方印象派相提并论，且认为二者有暗合之处，也进一步佐

[图3-4]

郑州大河村新石器时代遗址出土的彩陶钵绘画。图片来源：
孙英民. 河南博物院精品与陈列[M]. 郑州：大象出版社，
2000：58.

证了古今艺术同构。

有了这样的艺术观，我们
看待古今建筑时就可以获得极
大的自由。在某种程度上可以
说，"无可无不可"。❼那么，
以这种态度面对中国古典园林
与当代建筑这两个看似不相关
的事物时就没有障碍了。消除
了认识上的障碍与顾虑，进而
讨论两者之间的关联与借鉴就
显得自然平顺了。

❼
语出《论语·微子》。

[图3-5]

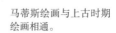

马蒂斯绘画与上古时期
绘画相通。

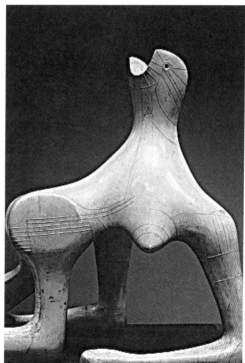

[图3-6]

河南新郑望京楼出土的窄流平底铜爵和现代著名雕塑家亨利·摩尔的雕塑作品比较。它们虽跨越几千年的时间，却存在着共通之处。图片来源：孙英民. 河南博物院精品与陈列[M]. 郑州：大象出版社，2000：22.

『适度技术』的建筑态度

建筑除了艺术属性与人文属性之外，还有其技术属性和社会生产属性，从这个角度来说，我主张"适度技术"的建筑态度。

其一，采用"适度技术"的建筑态度，不过分强调高技术的魅力。

当代有一种设计趋势是过度夸大高技术在建筑实践中的作用，这对于中国园林在当代建筑中的借鉴应用而言并不是一种合适的选择。

选用符合当代社会生产的"适度技术"，才不会因为过度的高技术应用而给建筑带来额外的造价增加与技术难度。

中国园林对当代建筑的意义主要在人文与美学领域。因此，把建筑的着力点放在建筑为人创造的使用空间与精神场所本身，而不是实现它的途径即过度的建筑技术投入，更为恰当。

其二，"适度技术"的建筑态度，不主张复古式地借鉴中国园林。

我提倡当代建筑向中国园林借鉴不是简单借用材料及营建方式，更不是借用建筑语言符号。

如果我们用手工时代的建筑材料、营建方式，那就是一种小范围的复古行为，只能适用于小型建筑，不能适应社会通用的建筑工程。对于小体量建筑来说，建筑材料及建造方式的选择比较简单灵活。但对于规模较大的建筑来说，就应该尊重当下通行的生产方式、材料选择、构造方式及建造方式。

当我们在谈论建筑的艺术属性时，关注的是社会时代背景下的人的精神需求和审美取向。从艺术的角度来看，我们只需要关注建筑在传达什么。在这样的角度下，我们既可以选择追随时代的步伐，听从时代的声响，选择当代的表达方式与呈现方式；也可以选择手工业时代的表达方式，不必追随时代脚步。

诸如绘画、音乐等艺术形式，任何时代都可以选择跨越其所处时代的表达方式。这类艺术的表达方式相对简单，就像绘画，我们可以在任何时代都画油画、水墨画，画任何时代的题材，古代的、现代的、当代艺术的。

与绘画、音乐不同，建筑不仅仅作为艺术存在，它不能像其他纯艺术门类那样仅考虑情感的表达与感受，还要考虑社会生产。

其三，"适度技术"的建筑态度，符合社会生产的要求，更适合规模化、复杂的建筑工程。

建筑是社会生产的一个重要组成环节。不能脱离开社会生产来看待建筑。建筑项目要符合当代社会生产的经济、技术、材料、施工、管理等一系列要求。

以园区建筑类型为例，无论是办公园区还是产业园区，都是与当今社会的生产与生活紧密联系的。

在规模方面，当今园区的建筑面积一般都在几万平方米以上，因规模而产生复杂的工程问题是必然的。组织规模较大的园区工程应顺应社会生产的技术方式与管理方式。

在功能方面，当今园区功能日趋复合化，也被赋予了很多城市的功能。园区成为人的社区式的功能复合体、产业的载体、人的复杂活动的载体，是社会生产中重要的组成部分。

在造价方面，园区工程对造价的控制通常都是较严格的，对其设计、建造全过程的经济控制应理性而严谨。因此，在材料选择、工程建造、工程管理上，应采用更高效、更通用的方式。这是更理性的选择。

从园区这个例子我们可以窥见，建筑，属于其所处的特定时代。

建筑师，同时必须是个工程师。

建筑师关于建筑的种种思考，如果不符合社会大生产的潮流，就不会给社会生产带来更广泛的意义。

在建筑设计实践中，兼顾建筑的艺术人文属性与社会生产属性是恰当的。我们在把中国园林的养分向当代建筑输送的过程中，建筑设计的立足点应是当代的，是符合当代社会生产模式的。

笔者在建筑设计实践中，都在运用当代社会的材料和构造方式。

以笔者设计的北京大兴生物医药创新园为例。该园区设计借用了中国古典园林的理念，这是在建筑的艺术人文属性方面向古典园林的致敬与学习。但在该项目的工程属性方面，则全部采用符合当代社会大生产的建筑工程模式。比如：其结构形式是钢筋混凝土框架结构，外墙采用铝板及玻璃幕墙体系，便于材料的采购、生产、安装。这样一个建筑面积为10万平方米的产业园区，唯有用当今通用的建筑生产方式，才能保证该工程项目的工期、造价与后期维护等［图3-7、图3-8］。

从建筑工程这个角度来说，我所选择的是用当代的建筑工程方式，用"适度技术"的建筑态度，传承中国园林的精神，不照搬其具体形式与符号，不复制其具体的营造模式。

[图3-7]　大兴生物医药创新园施工过程照片。在建筑的工程属性方面，该项目全部
采用符合当代社会大生产的建筑工程模式。

[图3-8]　大兴生物医药创新园建成照片。其外墙采用铝板及玻璃幕墙体系，便于材
料的采购、生产、安装。

启示

「
弹筝奋逸响，
新声妙入神。
令德唱高言，
识曲听其真。
」

——（汉）佚名《今日良宴会》

第四章 启示

—— 中国园林对当代建筑的启示

手卷画式的空间序列

人们常说，观赏中国园林如同在画中游。那么，是在什么样的画中游？为什么说如在画中游？怎么游？

1. 手卷画

中国画里有一种独特的绘画形式，叫作"手卷画"。它是中国独有的书画、装裱及观赏形式。手卷在晋代就已经出现，它由秦汉时期的"经卷""卷子本"演化而来，最初的内容多是字，可以由多幅独立的字联结而成。后来逐渐发展成可以是画、可以是字，也可以是多幅不同字或画的装裱集合体。

后世画家在这种横长的画纸上直接作画，于是就有了长度很长的手卷画。因其是横幅装裱，能握在手中顺序展开观赏，又称"长卷"。一般横向长度可有八九米，长的能达到二十米以上，高度将近三十厘米，不适合悬挂，只可舒卷。在观赏手卷画时，须一段一段地把画慢慢展开，一段一段地观赏画面。

很多古代画家都有手卷画存世。

八大山人的《鱼鸭图轴》[图4-1]是一幅著名的手卷画，高23.2厘米，长5.69米，画面中依次有水中的各种鱼、鸭、石。如果仅从画面形式上看，这些鱼、鸭、石在画面上的间距较大，画面中各角色相对独立，又因画面很长，不可能一次性尽收眼底，只能由观者在脑海中将它们组合成一个整体画面。画面由右向左，一路展玩观赏，感受画面角色之间的关系，随时间的推移画面转变，给人一种音乐般的连贯感，韵律与节奏

[图4-1]

笔者八大山人《鱼鸭图轴》。手卷画轴这种形式几乎没有机会可以统览全貌，而是只能一个部分一个部分地观赏，再由观者将各个部分在心里拼成全貌，形成统一的表达主题。

跃然纸上。

　　《鱼鸭图轴》的画面形式与内容是很典型的手卷画。乍一看，鱼、鸭、石各自独立成画面。再进一步从内容上看，鱼、鸭、石三类事物都没受到水面上与下的空间限制，各自似乎随意布置在画面上。但是，单独看每一组画面的内容又都是很贴切的。这正是手卷画的精髓所在——不拘泥于整体画面，更关注分段欣赏展玩。

　　为了说明手卷画与园林空间的关联性，人们通常会选择山水画题材的手卷。但实际上，选择《鱼鸭图轴》这类的画面更能体现手卷内容的相对独立性，同时又有气脉的一以贯之。

　　手卷画这种形式不在于统览全貌❶，而是着重于逐个部分观赏，再由观者将各个部分在心里拼成全貌，形成统一的表达主题［图4-2］。

　　有些手卷画的绘画对象甚至没有逻辑层面

❶ 潘天寿. 潘天寿论画笔录［M］. 叶尚青，记录整理. 上海：上海人民美术出版社，1984.

[图4-2]
　　笔者水墨小手卷拙作。手卷画这种形式不在于统览全貌，而是着重于逐个部分观赏。手卷画的创作方式及欣赏方式与中国园林的空间营造及游览方式是趋同的。

的连贯性。比如，画家常常会把"梅兰竹菊"四君子或"松竹梅"岁寒三友这样的绘画题材汇于一卷的不同区段，用印章区分开，这样的画则彻底需要分段分区来欣赏了。

　　这种绘画方式不讲求全貌的构图，而是讲求分区构图之间的意象关联，分区分段欣赏。这在世界绘画种类中独树一帜。

2. 手卷画式的空间方式

　　手卷画式的创作方式及欣赏方式与中国传统建筑的空间营造及欣赏方式是趋同的。我们并不能肯定这两者在形成过程中是否曾相互影响，但基于相同文化的心理欣赏方式确实是一致的。

　　中国传统建筑组群的空间被分成一进一进的院落，当我们踏入这一进院子空间时，不知道下一进院子会是什么样的情形。就像观赏中国手卷画时，观看一个绘画片段并不能同时看到其他的绘画片段，我们只能集中精力观赏眼前的绘画片段［图4-3］。

［图4-3］
苏州拙政园"与谁同坐轩"。这座小轩布置在水面的中间位置，使人不能
一眼看穿园子的全貌，这样增加了观赏游园的趣味性，也增大了园子的空
间感。园中难以找到一个"唯一"的主要视角，处处是景致，有中国山水
画的气质和中国手卷画式的空间欣赏模式。

院子与院子之间靠"门"等空间节点联系在一起。"门"是传统建筑中极为重要的一种空间形式，它不同于现在我们所说的"门窗"的"门"，而是专门供人穿过的一个建筑节点。"门"是多重院落空间之间的纽带，穿越这个"门"之后进入下一个院落空间。

在"门"的位置，我们可以同时看到前后两进连续院子的情形。在前一进院子还可以通过"门"以"过白"❷的形式来"提前"了解下一进院子的情况。所谓"过白"，是在"门"与后进建筑之间，靠着巧妙的距离与高度设计，使得门框、门洞如同在对近景或远景进行剪裁与镶框的处理，使人通过门楣可以看到下一进的建筑屋脊，即在阴影中的屋脊与门楣之间要看得见一条发白的天光。这种"管窥"的空间序列效果，是中国传统建筑空间序列所推崇的。

这样的空间组织方式就是中国手卷画式的空间方式。其特征是很鲜明的：一进进院子相当于一组组的绘画内容；"门"或者其他建筑连接方式相当于联系不同绘画内容之间的印章或留白区域；观赏方式同样需要一段一段地欣赏，不能一览无余；院子所组成的建筑群的总体意义要通过建筑空间内在的意象联系来实现，这相当于手卷画总体含义要通过各部分画面的总体含义来构建。

中国园林的空间是外延更为宽广的手卷画式院落空间结构。这种空间组织方式是更自由、更灵动、更贴近自然的。并且，园林的儒家"乐"的思想范畴及园林休憩的功能属性，也使其更具有形式上的灵动性，也更符合"手卷式"的观赏方式。

园林的画面往往不是以"门"串联起来的，而是以内在的一处处景致来贯穿。讲求步移景异，讲求人在画中游。园林本身所构成的是一个多景致、多主题、相互关联、相互依托、相互因

❷ 王其亨. 风水理论研究[M]. 天津：天津大学出版社，1992：134.

借，然而又有其统一主旨的完整画面。它是手卷画式的空间组织方式更完美的体现。

3．空间画面

为了更好地描述中国园林手卷画式的空间组织方式，本书提出"空间画面"的概念，来定义中国园林如在画中游的不同空间的画面感，并以此总结出中国园林手卷画式空间序列的特点是：不同空间画面之间相对独立，气脉相通，连绵不绝，互相映带，互为景致，以景点题。

以北京北海公园静心斋［图4-4］为例。静心斋的核心院落中心有一座"沁泉廊"，有水系环绕其四周。在核心院落周围不同的方位分布了几个大小不同、特色各异的小院子［图4-5］，每个小院子都可以独立成景，都是一幅独立的空间画面。每个小院落都有一个或多个景致点题，这样就使每个院落各有特色。其景致主题有：荷沼、抱素书屋、韵琴斋、焙茶坞、枕峦亭、叠翠楼、沁泉廊、画峰室等。最大的核心院落由于"沁泉廊"的掩映［图4-6］，山峦高低蜿蜒，辗转回望，同一个院落也会产生出完全不同的景致，形成多个层次的空间画面。

我们游览这座园林时，实际上是游览了好几个小园子，在不同的景致里都能得到一种相对独立的审美感受。每个小园子都有自己的主题和空间，但它们之间又是连贯的，相互关联，气脉相通。所有这些用来形容小院落空间关系的词汇，像极了形容中国书法的词汇。同一幅书法作品里的字，可以大小不一，甚至楷、行、草书三体穿插搭配，但是一定要气脉贯通、互相映带。中国的书、画同源，书法作品与绘画作品给人以类似的感受。

我们常说游园如在画中游，实际上是看了好几幅画，而不只是一幅画。游园，是我们在观赏一系列的空间画面。

这就是典型的手卷画式空间组织与观赏方式，由多组空间

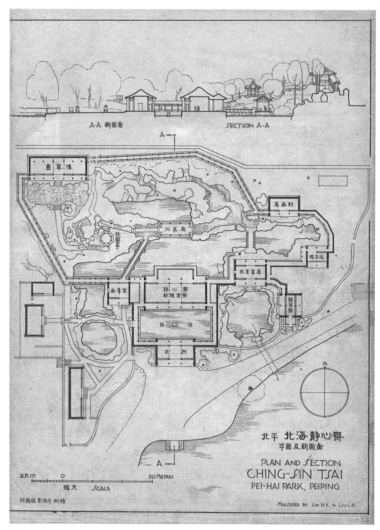

[图4-4]

中国营造学社1936年北海静心斋测绘平面图与断面图。静心斋的平面图是中国园林手卷画式空间组织方式的完美体现,在这一个空间看不到下一个空间的景物。中国园林讲求步移景异,讲求人在画中游,它所构成的是一个多景致、多主题、相互关联、相互依托、相互因借,然而又有其统一主旨的完整画面。图片来源:贾珺. 朱启钤与中国古典园林[J]. 建筑史学刊,2022,3(3):43-50。

［图4-5］
北京北海公园静心斋"画峰室"南面的小院，是几个相对独立的小院之一，北京深秋的萧索韵味融于小园方寸之间。游览静心斋，实际上是游览了好几个小园子，在不同的景致里都能得到一种相对独立的审美感受。每个小园子都有自己的主题和空间，但它们之间又是连贯的，相互关联，气脉相通，是中国园林手卷画式空间组织方式的体现。

［图4-6］
北京北海公园静心斋，核心院落由于"沁泉廊"的掩映，山峦高低蜿蜒，辗转回望，同一个院落也会产生出完全不同的景致，形成多个层次的空间画面。

画面连绵形成"手卷画"。

关于中国园林的空间流动性，维尔纳·布雷泽在《东西方的会合》一书中评论道："中国古亭等同于园林和山水画。它的建筑本身，结构、比例、材料以及园林和艺术品布局，这一切都是引致和谐的要素。屋顶覆盖着的长廊连接着建筑和室外空间：由此在室内外之间创造出一种流动的生气。"❸

"在西方的艺术观念中，建筑、绘画和雕塑是同一性质的艺术，它们被称为'美术'或者说'造型艺术'（fine art）。在传统意念中，它们都着重对于静止的物体的美的创造。设计一座建筑物和设计一件工艺品在视觉效果上基本上是相同的。但是，中国对建筑艺术的要求却更多地与文学、戏剧和音乐相同。建筑所带来的美的感受并不只限于一瞥间的印象，人在建筑中运动，在视觉上就会产生一连串不同的印象，从一个封闭的空间走向另一个封闭的空间时，景物就会完全变换。"❹

步移景异的同时，园林表现出了它应有的含蓄。正如《红楼梦》第十七回"大观园试才题对额 荣国府归省庆元宵"里贾政游园时对众清客们说的那样："所有之景悉入目中，更有何趣。"于是，我们置身其中，总能一次次地发现有新的风景出现。

中国园林的空间组织方式用现在的研究方法来看是个多灭点透视的空间画面，这一点与中国画的"散点透视"的绘画方法也相通。

实际上，中国画本无所谓"透视"，因此也无从说它是"散点透视"。中国画是画家把外界环境了然于心，而后由心到手到宣纸之上。中国画所描绘的不是一个瞬间、一个角度、一个镜头画面，而是外界经画家心的处理后的一个综合画面。

这种画面处理方式与一些西方现代画家如毕加索的画面处理方式异曲同工。绘

❸
维尔纳·布雷泽.东西方的会合[M].苏怡，齐勇新，译.北京：中国建筑工业出版社，2006：96.

❹
李允鉌.华夏意匠[M].天津：天津大学出版社，2005：154.

画对象被夸张后运用于他们的作品中，让我们看到了同一个景物的不同镜头画面同时综合在一张画面中。这种夸张的运用使习惯了分镜头观察的我们常常感到不知所云。

但中国画中混合镜头的方式却是自然而然的，不夸张的。

中国园林中的多画面并置的空间组织方式也是自然而然的，不夸张的。

中国园林本来就讲求"虽由人作，宛自天开"。自然环境中的景致本来就是多画面并置、多个透视灭点并存的。真实的山水就是如此，我们找不到单一的透视角度。我们总是行进于其中，人于山水中游，处处是画面，多个画面重叠并置，让人难以区分是哪种透视角度。

中国园林的这种空间组织方式可以被借鉴到当代的建筑中来，当代建筑同样可以用手卷画的方式来组织空间序列，可以做到多画面重叠。

无论是建筑内部空间、外部空间，还是内外空间之间的联系，中国园林都有异常丰富的可借鉴之处。这是中国园林千百年来积淀的智慧宝藏，足可以为仅有百年发展历程的现代建筑提供丰富的营养。

4．当代建筑实例

我在设计北京大兴生物医药创新园［图4-7］时，就在这个产业园中借用了中国古典园林的手卷画式空间组织与观赏方式。

在这个园区空间设计中［图4-8］，我在这个具有整体围合感的园区中心设置了一处核心院落，正如前文所述北海公园静心斋［图4-9］的核心院落那样统领全园。围绕核心院落空间，其周边设置若干个半围合的小院落。这些小院落呈分散式布局，人们行进其中，不可能对园区作一览无余的观赏，只能随着小院落的分布，一个一个院落地游览，就像是中国园林的分散式小院落。

［图4-7］

北京大兴生物医
药创新园。笔者
在设计中借用了
中国古典园林的
手卷画式观赏方
式，人们在其间
行走，不能一眼
看到全貌，只能
一段一段地欣赏
游览。这样的设
计方式，使得这
个规模并不太大
的园区，因为其
空间的丰富性，
而显得空间规模
变大了，也使园
区空间组合的趣
味性增加了。

[图4-8]

北京大兴生物医药创新园平面空间序列分析图。这个园区的空间序列设计借鉴了北海公园静心斋，其效果符合笔者提出的手卷画式空间序列的特点：不同空间之间相对独立，气脉相通，连绵不绝，互相映带，互为景致，以景点题。

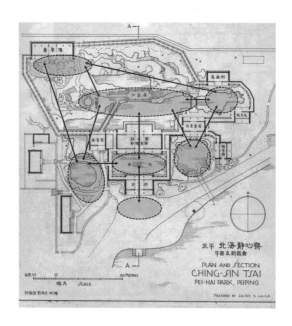

[图4-9]

北京北海公园静心斋平面空间序列分析图。典型的中国园林手卷画式空间序列组织及游览方式。

也正是我前面所述的中国传统的手卷画式的空间组织与观赏方式，不能一眼看到全貌，只能一段一段地欣赏游览。这样的设计方式（或者叫造园方式），使得这个规模并不太大的园区，因为其空间的丰富性，而显得空间规模变大了。

这个当代园区设计让我们可以回味到类似前文所述北海公园静心斋或苏州拙政园的空间设计意象。静心斋核心院落因"沁泉廊"的掩映而使其园林空间变得丰富；同样，拙政园中的"与谁同坐轩"小轩亭布置在园子水体的中间，使得游览者不能对水面对岸风景一览无余，也增加了观赏者的想象空间，使得拙政园因为其自身的空间的丰富性而显得空间规模变大了。

在设计这个当代产业园区时，我在其空间中设计了很多伸向园区核心的建筑体块分支，这些分支起到了限定人的视线的作用，使人不能一览无余，从而增加人们在此间行进游览时的遐想空间。同时，被分隔出的一个个半围合的小院落，正如北海公园静心斋的一个个分隔开的小院落一样，彼此间相对独立，却笔断意连。这就是中国手卷画式空间组织的运用。

这个园区的手卷画式空间序列设计也符合我前文所述的空间画面观点：不同空间画面之间相对独立，气脉相通，连绵不绝，互相映带，互为景致，以景点题。

与此同时，这样的空间设计方式，让我们可以感受到中国园林式的空间体验与文学、戏剧和音乐趋同的特点［图4-10］。建筑所带来的美的感受并不只限于一瞥间的印象，人在园区中游走，在视觉上就会产生一连串不同的印象，从一个半封闭的空间走向另一个半封闭的空间时，景物就会完全变换。

在这个园区的建筑设计实践中，我一直在对中国古典园林进行反观与借鉴，旨在为园区创造一个中国传统文化中特有的手卷画式的空间序列与观赏方式。

常说的游园如在画中游，这个画，其实是个长长的手卷画。

[图4-10]

北京大兴生物医药创新园设计图。该项目空间中被设计了很多伸向园区核心的建筑体块分支，这些分支起到了限定人的视线的作用，使人不能一览无余。被分隔出的一个个半围合的小院落，正如北海公园静心斋的一个个分隔开的小院落一样，彼此间相对独立，却笔断意连。

总体布局 自由分散的

院落式的平面布局，是中国传统建筑平面布局的共同特征。在"宫室务严整，园林务萧散"的思想指导下，园林之于宫室建筑的不同之处在于园林的自由分散式总体布局方式。

1. 形散神不散

中国园林的自由分散式总体布局，形散而神不散。整个园子的神魄与气脉被统领与收摄在同一个主题之下，这就让它自然而然地布置却不失章法。就如同孔夫子所言的"从心所欲不逾矩"的状态。

自由分散式的总体布局是针对其整体的规划情况而言的，从设计图纸来说是针对总平面图而言的。我们从总平面图观看一个中国园林的总体布局会发现，自由分散基本上是一个普遍的规律。比如，前文所提到的北海公园静心斋总平面图的布局，一眼看去，就符合这种设计规律。

这种布局不仅针对其中的建筑，也包含其他一切事物，如外部空间、植物、水体、山石、小径等［图4-11］。它们都以自由分散的方式布局，使园林整体上呈现自然而然的面貌。

2. 宛自天开

自由分散式布局，使建筑在园林之中更像一个自然产生的事物，或者说使建筑更能有机地融于园林之中。自然界中的事物都是自然分布的，没有明确的几何排布规律，它的大小、形

［图4-11］

北京北海公园静心斋。园林中的一切事物如建筑、外部空间、植物、水体、山石、小径等，都是以自由分散的方式在布局，使其整体上呈现自然而然的面貌。

状、方向等因素也都是自然发生的。若要中国园林"虽由人作，宛自天开"，那么就应该是自由分散式的布局方式。

　　与此同时，自由分散式的建筑也会产生相应的自由分散式的外部空间。中国园林的空间就是自由分散式的，正如大自然中的空间那样。我们想象一下自然界的空间面貌，诸如山川、豁谷，无不是自由的有机生长的样貌，就像《庄子》所言的"天地有大美"。

　　这样的空间，更适合让自然的风景融于其中；这样的空间，更适合让各种植物自然生长其中，就像是没有人力参与一样；这样的空间，更适合配上一汪水面，不论是池塘还是溪流，总归是自然的形状，"上善若水，水善利万物而不争"，自然界中水体的形状是由其"不争"而落位于"处下"的位置，自然形成。每一笔都是自然的刻画，都是最恰当的形状。

中国园林的自由分散式布局就像是水，自然散落，水到渠成。

自由分散式布局是一种更加贴近自然的布局方式，它可以让建筑有更多界面贴近自然，可使更多的使用者享受到外界的自然环境。建筑与自然互相环抱，你中有我，我中有你，营造出一种亲自然的建筑环境。

3．不拘于图

中国园林自由分散式布局的设计，不是从总平面图的图形效果出发，而是从其建成后的总体效果出发来设计的。当代建筑有一些实例，尤其是一些规划较复杂的实例，其设计方法是先在总平面图上勾画布局，构图很好看，但是建成后的空间效果不一定恰当妥帖。而中国园林的布局，是从设计开始就直追建成后的空间效果和总体效果，不是以二维的总平面图是否好看来评判设计走向的。这就使得有些中国园林的总平面图看上去比较随意，并不能感受到"帅气"的构图。但是，只要现场游览，就能感受到这样设计布局的原因，以建成空间效果为出发点来指导平面设计。

关于中国园林的这种分散式布局特点，《华夏意匠》中写道："在图面上看来，很多总平面布局都十分平淡，并未显出任何形式。其实，中国建筑群的布局精神和主要的设计意念并不落在平面的形式上，紧紧掌握和控制的却是它的'组织程序'，然而'程序'在平面图上往往是无法说明的。"❺

我们以网师园的平面图［图4-12］为例。这个园林的用地本就不太规则，建筑所占比重又比

❺ 李允鉌．华夏意匠［M］．天津：天津大学出版社，2005．153．

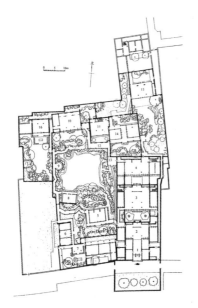

[图4-12]

网师园平面图。自由分散式布局是一种更加贴近自然的布局方式，它可以让建筑有更多界面贴近自然。建筑与自然互相环抱，你中有我，我中有你，营造出一种亲自然建筑环境。图片来源：周维权. 中国古典园林史[M]. 北京：清华大学出版社，2008：471.

较大，就规划设计而言，把各种要素的总体布局组织停当并不是太容易。但正是由于中国园林的这种自由分散的总体布局方式，让每组建筑都有自己的恰当的扭转方向，建筑与园林院落空间、水面、植物以自由分散的方式组合在一起后，相互迎让，其整体布局面貌自然而然、活泼泼的，充满生机。这个园林的总平面布局是以空间成果为出发点来设计勾画的，其中很多细节处的小心思只有在实际游览后才知其妙处。

这样也带来了建筑室内空间与室外空间在更大程度上的互动，建筑外部空间与内部空间都更加丰富了。

自由分散式布局在今天仍然有其设计实践意义。

当代建筑的总体布局，可以从中国园林借鉴到自然的布局法则，解决规划层面很多复杂的布局构图问题。正如网师园那样，用自然而然的布局，使用地不规则、建筑方向扭转等都不成问题。同时，也使得建筑、院落空间、水面、植物、小径等规划因素都统一在一个自然而然的语境之下，使所有规划要素都成为统一的有机体。

4．绿色建筑

当代建筑对人工环境的设备与技术越来越依赖，人们对人工空调环境的追求持续增长，这似乎成为一种必然与唯一的发展趋势。但随着绿色建筑技术与建筑低碳观念的增强，人们对自然通风的需求、对直接在自然环境中活动的需求增加了。分散式建筑布局成为一个不错的选项，可以为建筑创造更多的与自然接触的界面，符合人们对绿色建筑的追求。

自由分散式布局会带来更多的建筑外墙面，有条件实现自然采光与自然通风，可以减少空调的使用，这非常符合绿色建筑技术的理念，而且这种节能方式是一种"低技术、低投入"策略下的被动式绿色建筑技术，行之有效。

以北京大兴生物医药创新园［图4-13］为例。我在设计之初，就将这个建筑方案设计为一个由多个建筑体块组成的群体。自由分散式的总体布局［图4-14］，使整个园区产生了更加灵动的建筑与空间形式，创造了前文所述的手卷画式的空间组织方式。除此之外，通过把建筑体量分散布置，使每个建筑体块都有机会获得更多的自然采光与

［图4-13］

北京大兴生物医药创新园建筑体块平面分析。该项目借鉴中国园林的自由分散式布局，创造亲自然的园区环境。

[图4-14] 北京大兴生物医药创新园设计图。总平面借鉴中国园林的自由分散式布局，使整个园区产生了更加灵动的建筑与空间形式，也使每个建筑体块都与其相邻的景观环境有更密切的互动，使整个园区成为一座亲自然的产业园。

自然通风，每个建筑体块都与其相邻的景观环境有更密切的互动，使整个园区成为一座亲自然的产业园。

中国园林给自由分散式的总体布局提供了非常多的范例。我们可以在其中总结出不同方式的自由分散布局的要领，为当代建筑设计提供帮助。

蜿蜒曲折的规划脉络

中国园林的空间组合采用的是灵动的、水平方向铺陈的方式。其建筑实体与外部空间相互交融，为行进于其中的人创造步移景异的空间感受。

1. 空间音乐

观赏者在灵动曲折的园林空间中游览时，空间序列的音乐性成为可能。音乐是以时间序列为基础的艺术形式，园林也必须依靠时间的先后序列来游览观赏。因此，中国园林的空间观赏方式是具有音乐性的。

"古代对建筑艺术的要求并不是只希望构成一种静止的'境界'，而是一系列运动中的'境界'。'境界'所出现的方式和次序是要有缜密的安排的，它们的组织正如一切艺术品的组织一样——起、承、转、合，由平淡而至高潮等等都在考虑之列。创作的成败很多时候决定于'境界'出现的序列。中国建筑艺术是一种'四维'以至'五维'的形象，时间和运动都是决定的因素，静止的'三维'体形并不是建筑计划所要求的最终目的。"❻

曲则生情。

蜿蜒曲折的规划脉络，促成了中国园林的音乐性的空间特质。

❻ 李允鉌. 华夏意匠 [M]. 天津：天津大学出版社，2005：154.

2. 北海公园"濠濮间"

北京北海公园的"濠濮间",是蜿蜒曲折的规划脉络的经典实例。

"濠濮间"的名称来源于《世说新语》:"简文入华林园,顾谓左右曰:'会心处不必在远,翳然林水,便自有濠、濮间想也,觉鸟兽禽鱼自来亲人'。"因此,这个小园子必然会是以林木、水体为主要造园语言。"翳然林水"就是遮遮掩掩的林水。这种若隐若现的景致,更会让人产生"山野趣"的联想,可以产生一种尽管园林空间不大,却让人如同置身于山野自然中的感觉。

为了塑造半藏半露的林水意境,园子在方寸之间使用了多处蜿蜒曲折的设计手法,使主题更为突出。

在北海公园东侧,路边的一处不显眼的地方,林木中立有一个石碑,写着"濠濮间"三个字,以此邀请我们进入这个小园子。向东几步就紧向南转弯 [图4-15],转弯后方见到狭窄蜿蜒的小路,两侧叠石拥立。不远处便可看到一座小牌坊 [图4-16],在林木间半遮半掩,联额是"蘅皋蔚雨生机满,松嶂横云画意迎",横额是"汀兰岸芷吐芳馨";南面的联额是"日永亭台爽且静,雨余花木秀而鲜",横额书有"山色波光相罨画"[图4-17]。穿过小牌坊,一座几经曲折的石桥飞亘于池水之上 [图4-18],桥下尽是静水荷叶,几只野鸭嬉戏其间。九曲石桥尽端是一座水榭,匾额题署"濠濮间"三个字点题。

水面、曲桥、水榭的周围,被低矮的山丘与林木所遮蔽,在方寸之间,就把意象之外的事物全屏蔽了,至此一处,"便自有濠、濮间想"。"濠濮间"水榭南面,沿曲廊婉转向上,像是行进在山野小径,行至山顶,廊东有"崇椒室",山顶有"云岫"。最后再从山顶转弯,出大门,就回到了北海公园的主园林区域了。

小小一个园子,几经婉转。走一遍这个小园,如同一场

[图4-15]
　　北京北海公园"濠濮间"，向东几步就紧向南转弯，转弯后方见到狭窄蜿蜒的小路，两侧叠石拥立。

[图4-16]
　　从"濠濮间"向南行进，不远处便可看到一座小牌坊，横额是"汀兰岸芷吐芳馨"。

"濠濮间"。从蜿蜒折桥回望石牌坊,南面的联额是"日永亭台爽且静,雨余花木秀而鲜",横额书有"山色波光相辉画"。

［图4-18］

"濠濮间"。一座几经曲折的石桥飞亘于池水之上,桥下尽是静水荷叶,几只野鸭嬉戏其间。石桥尽端是一座水榭,匾额书"濠濮间"三个字点题。

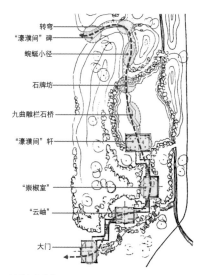

转弯
"濠濮间"碑
蜿蜒小径
石牌坊
九曲雕栏石桥
"濠濮间"轩
"崇椒室"
"云岫"
大门

[图4-19]

北京北海公园"濠濮间"平面脉络示意图。这座小园林用蜿蜒曲折的规划脉络铺陈布置，把蜿蜒小径、石牌坊、九曲石桥、池沼、水榭、游廊、山体等一系列节点连贯成一个整体，序列十分清晰。图片来源：周维权. 中国古典园林史[M]. 北京：清华大学出版社，2008：348. 作者对图片作了再加工。

梦，走出了园子，梦方醒。确实可以称为"有濠、濮间想"了。

这座小园，用蜿蜒曲折的规划脉络将多个空间铺陈展开、组合布置[图4-19]，把石路、牌坊、折桥、池沼、水榭、游廊、山体等一系列节点连贯成一个整体，使"濠濮间"的空间脉络蜿蜒曲折、几经流转、曲径通幽，序列却十分清晰。

3. 当代建筑实例

蜿蜒曲折的规划脉络的铺陈，是中国园林中经常用到的空间组合方式，这种方式也可以成为当代建筑设计的思路，尤其是对于当代园区设计中空间序列的组织，更有借鉴意义。

当代园区是一组建筑与其外部空间组合的有机集成。我们说到园区，不会是仅针对单栋建筑，而是至少针对一组建筑及其外部空间。

在空间组合方面，设计当代园区时要处理的问题与设计古典园林十分类似，这两者可以互相参照来思考。

以我设计的中关村医疗器械园为例。该园区外部空间及其

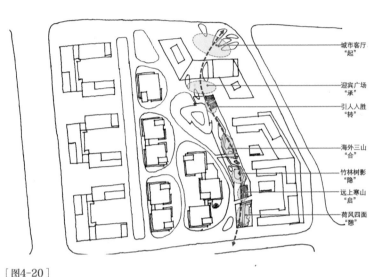

城市客厅
"起"

迎宾广场
"承"

引人入胜
"转"

海外三山
"合"

竹林树影
"隐"

远上寒山
"启"

荷风四面
"愿"

[图4-20]

北京中关村医疗器械园的主轴脉络。笔者设计时借鉴北海公园"濠濮间"的蜿蜒曲折的规划脉络,把各个景致串联成一个序列,暗含"起、承、转、合"。蜿蜒的曲线形式,叠加了"曲则生情"的心理感受。

景观设计的主要规划脉络就是引用中国园林的一系列造景理念,用蜿蜒曲折的规划脉络铺陈布局,把各个景致串联成一个序列,暗含"起、承、转、合"的音乐式的脉络 [图4-20]。这条外部空间脉络,是由时间因素构成的行进序列,把中国园林空间中的时间序列性引用到了当代园区设计中。

因为有了时间序列,所以空间及景致的脉络有了音乐式的欣赏方式。加之此规划脉络是蜿蜒的曲线形式,更叠加了"曲则生情"的心理感受。园区空间序列中很多具体的节点景致也是源自中国园林的意象。我在设计这个园区的脉络主线时,借鉴了北海公园"濠濮间"的脉络形式,把多个空间节点用曲线串联成了一个序列。

这些空间序列依次展开,分别是:

"起：城市客厅"。园区面对城市空间的门户，主要展现园区对外开放的欢迎姿态，把人引导入园。

"承：迎宾广场"。穿过标志性的门式建筑进入园区内部，在此设置一处园内广场供人停留。这是一个空间脉络上的暂时停顿的符号。

"转：引人入胜"［图4-21］。在此设置大台阶，引导行人进入下沉广场。

"合：海外三山"。下沉广场的核心景观，由一条流水与三个"浮岛"组成，隐喻"海外三山"。

"隐：竹林树影"。下沉广场南侧尽端的台阶两侧种植翠竹，竹林里暗藏雾喷设备。

"启：远上寒山"。从大台阶拾级而上，行进中有叠水伴随，营造"远上寒山石径斜"的意境，经由叠水台阶上至南入口的水景区域。

［图4-21］
北京中关村医疗器械园。下沉庭院的北侧为起始端，是空间脉络的节点之一："转：引人入胜"，在此设置大台阶，引导行人进入下沉庭院。

"憩：荷风四面"。从下沉广场大台阶上到地面之后，遇见一处水景，"藕花深处"游廊尽端设有一处亭子，名"荷风四面亭"。这个亭子的名称直接来源于苏州拙政园，以此向中国园林致敬。

中关村医疗器械园蜿蜒曲折的规划脉络所形成的空间序列[图4-22、图4-23]，如同一首乐曲，贯穿了整个园区南北，也成为园区的主要空间线索。

再以北京中铁国际城展示中心项目为例。我在设计时用一条弯曲的规划主线把一系列建筑串联成一个整体[图4-24]，并赋予它"流水"的概念意象，这样就消解了用地狭长而不规则之感，使建筑与用地妥帖且有机地结合在一起。这也是建筑与景观环境的有机结合[图4-25]。这个方案的设计灵感也来自中国园林，借鉴了中国园林蜿蜒曲折的规划脉络，也借鉴了中国园林建筑与景观环境的浑然一体的设计理念，这也使得空间序列的音乐性成为可能。

[图4-22]
北京中关村医疗器械园俯瞰。园区总平面蜿蜒铺陈，借鉴北海公园"濠濮间"的空间脉络，序列清晰。

［图4-23］
北京中关村医疗器械园庭院。园区空间与环境的设计灵感来自中国园林，蜿蜒曲折的规划脉络如同一首乐曲，贯穿了整个园区南北，也成为园区的主要空间线索。

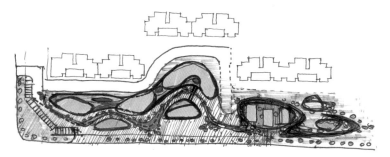

［图4-24］
北京中铁国际城展示中心项目方案构思草图，笔者2009年绘制。用蜿蜒曲折的规划主线把一系列建筑串联成一个整体，并赋予它"流水"的概念意象，以消解用地狭长而不规则之感。

[图4-25]　北京中铁国际城展示中心项目建成照片。建筑设计借鉴了中国园林蜿蜒曲折的规划脉络，也借鉴了中国园林建筑与景观环境整体思考的设计理念，这也使得空间序列的音乐性成为可能。

有机融合的院落空间

　　"院子成为中国古典建筑平面组织的一个重要内容。房屋设计的目的似乎明显地是为了建立两种不同性质的空间：一种是有屋顶的四周封闭的室内空间，一种是没有屋顶的四周同样是封闭的室外空间。这两种不同的空间分别满足人在其间不同性质的活动的要求。"❼

　　中国传统宫室建筑组群中，不同院落之间是规整有序的。每个院子既是院落群体的一个组成部分，又可以作为一个相对独立的院子，通常是靠"门"把不同的院子联系起来，形成一个整体院落。

　　中国园林中的院落则是更为自由的布局方式，各个院子之间常常是相互关联、互相连通的，尽管院子的形式各不相同，但是它们却共同构成一个有机融合的整体。并且，通过不同院子的相互连接，空间呈现出更为丰富的面貌。它们之间的连通方式也是多变的，不一定靠"门"来实现，也可能是更具有渗透感的连接方式。这些渗透融合的方式，可以是：游廊两侧的院落渗透、景墙两侧半遮半掩的融合、花木山石的半隔渗透，等等。我们可以称之为"有机融合的院落空间"。

　　比如，苏州网师园"竹外一枝轩"［图4-26］。这个小院子与网师园的核心院落之间以互相渗透的方式有机融合在一起。其具体形式是用一片白

❼ 李允鉌. 华夏意匠［M］. 天津：天津大学出版社，2005：141.

[图4-26]
　　苏州网师园"竹外一枝轩"。这个小院子与网师园核心院落之间以互相渗透的方式有机融合在一起，可以称之为"有机融合的院落空间"。

色景墙将空间两侧半透半隔，景墙上开有一个月亮门洞及两个方形窗洞，增强了空间两侧的融合性。洞口旁种有竹子，使分隔多了一个虚掩的层次，也使空间融合的方式更为含蓄。其东侧、北侧的一系列小院子与它的核心院落之间也是以互相渗透的方式有机融合在一起的[图4-27]，融合的方式多种多样，顺势发生。在中国古典园林中有很多类似的院落空间组合的实例。

　　我在设计中关村医疗器械园时借鉴了网师园的院落空间处理手法。

　　中关村医疗器械园[图4-28]院落的分布与空间的组合方式，是有机融合的院落空间的组织方式。

　　这个园区规划设计的基本单元不是建筑，而是院落空间。

[图4-27]

左图：苏州网师园院落空间分析。核心院落及其周边的小院子之间以互相渗透的方式有机融合在一起。

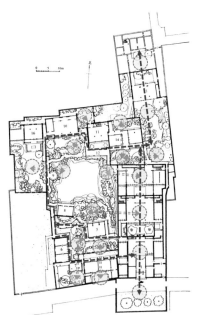

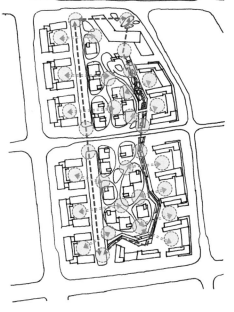

[图4-28]

右图：北京中关村医疗器械园院落空间分析。这个园区规划设计的基本单元不是建筑，而是院落空间，笔者用院落来组织整个园区的规划架构，各个院落之间相互关联、相互连通。这种有机融合的院落空间组合方式，借鉴了苏州网师园院落空间的处理手法。

我的设计是用院子来组织整个园区的规划架构。这些院子基本上是半开放的空间，三面围合，一面开敞，开敞的那面朝向规划主脉络。这样一来，整体规划主干就渗透到园区的多个院子中，它们有机融合，共同形成了整体稳定而富有动势的空间架构。

园区不同院子之间联系与分隔的体现方式也是多样的。三面围合的院子，在朝向主要园区规划脉络的那面，我使用了两种空间处理方式。

一是标准化生产厂房［图4-29］的三合院空间处理方式。我做了一个半遮半掩的景墙，景墙上有几个连绵的门洞，洞口内种竹子，这样，墙面部分的半分隔，加上竹子的虚掩分隔，使此处的院落空间变得更为含蓄，"犹抱琵琶半遮面"。正如前文所述苏州网师园的"竹外一枝轩"与核心院落之间的空间融合的方式。

二是中小企业孵化器建筑院落［图4-30］的三合院空间处理方式。此处院落完全开放式地朝向园区核心脉络空间，强调它们之间的对内开放性与空间流动性。

不同院落空间的联系与分隔的设计方式源自我对中国古典园林的学习与借鉴，其丰富的空间组合处理手法有取之不尽的养分。

古人在营造园林时处处体现出对人的感受的关照，关注人、建筑和环境之间的融合。有机融合的院落空间，让空间之间更加融合与流动，这样可以有更多的机会在设计上对于人的情感进行关照。

在不同的院落间游走，如在音乐中行进。空间的时间性，以这种方式被安排成一个序列，自然发生。

[图4-29]

北京中关村医疗器械园标准化生产厂房的三合院中，做了一个半遮半掩的景墙，景墙上有几个连绵的门洞，洞口内种竹子，这样，墙面与竹子使两侧空间半隔半透，此处的院落空间变得更为含蓄，"犹抱琵琶半遮面"。正如前文所述苏州网师园的"竹外一枝轩"与核心院落之间的空间融合的方式。

［图4-30］
北京中关村医疗器
械园中小企业孵化
器建筑院落。这个
三面围合的院落完
全开放，朝向园区
的核心脉络空间，
强调它的对内开放
性与空间流动性。

高低俯仰的
立体界面

1. 中国园林的高低俯仰

中国园林中除了前文所述的水平方向的空间铺陈之外，在竖直的方向上也有立体的空间处理方式。创造高低不同的竖向立体建筑空间，也就创造了游人可以登临的立体界面。这样，一方面使园林中的空间丰富性进一步增强，另一方面，也使行进于其中的游人产生俯仰不同的观察视角，使游人的体验感进一步强化。

有了更多的俯视的机会，就可以有机会看到建筑的第五立面——屋顶，而中国古建筑的屋顶本身就有非常美的造型，有了这种视角，建筑的美就得到更充分的展示。有了仰视的机会，可以强化亭阁楼宇的飞檐的动势，以这种视角也可以看到更多"翳然林水"的美景，获得在山中行进的体验，有助于塑造园林的"山野气"。

2. 因山而建与造山而建

园林中立体界面的塑造按其成因有两类：一类是因山而建，一类是造山而建。

因山而建，就是园林本身就建造在一处山林之地，用地有较大的高差，园林依山就势地布置在山地之上，自然就产生了立体的建筑空间。《园冶》"相地篇"就写过"园地唯山林最胜"，可见古人造园愿意选择山地。这样的园林实例很多。皇家园林中的"颐和园"就是因山而建的大型山地园林。江南园林中的"西泠印社"［图4-31］也是因山而建的园林，它位于杭州孤山

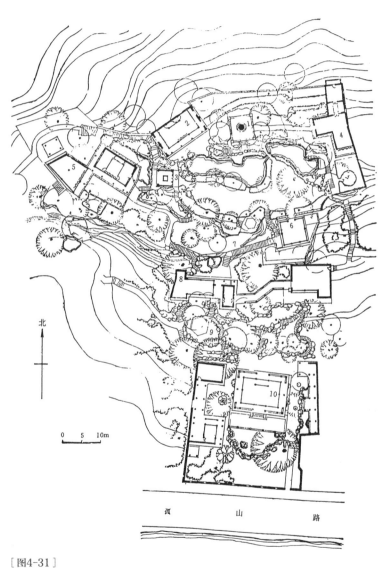

北

0　5　10m

孤　山　路

［图4-31］

"西泠印社"平面图。它是因山而建的园林，建筑物依山就势，高低错落，围绕着一泓清池作灵活的园林布局。从图中的等高线关系可以看出此园林的立体空间格局。图片来源：周维权. 中国古典园林史[M]. 北京：清华大学出版社，2008：449.

顶之西端，建筑物依山就势，高低错落，围绕着一泓清池作灵活的园林布局，是一个典型的坡地建筑群体。

造山而建，就是本来园林的用地较平整，为了塑造"山野气"，在园林中人为地堆砌出一个假山，在这个假山之上做建筑，以形成造山而建的园林立体空间。大部分建在市井中的江南私家园林都是这样的用地情况。

这样的实例数不胜数。如留园的"舒啸亭"［图4-32］建在一座人造小山林之上，塑造一种游人在山下仰视"舒啸亭"的效果，同时也创造了游人在亭子内俯视山下景观的效果。这样一来，不仅使留园的空间体验感增强，也因这个亭建在高处，更加契合陶渊明的《归去来兮辞》中写的"登东皋以舒啸，临清流而赋诗"的意境。登高才更适合"舒啸"，这个亭子建在高处正好点题。可见，园林中高低俯仰的立体空间的营造，不仅是为了空间体验，也对意境塑造与主题点明有直接的帮助。

［图4-32］

苏州留园"舒啸亭"，建在一座人造小山林之上，塑造一种游人在山下仰视"舒啸亭"的效果，同时也创造了游人在亭子内俯视山下景观的效果。不仅使留园的空间体验感增强，也因这个亭建在高处，更好地点题了"舒啸"的立意。

北京北海公园"濠濮间"的爬山廊［图4-33］随山势高低起伏，与水平方向的蜿蜒曲折以及山体林木的遮遮掩掩共同构筑了方寸

[图4-33]

北京北海公园"濠濮间"的爬山廊，随山势高低起伏，与水平方向的蜿蜒曲折以及山体林木的遮遮掩掩共同构筑了方寸之间"翳然林水"的境界，从而更好地点题"濠濮间"。

之间"翳然林水"的境界，从而更好地点题"濠濮间"。

北京北海公园静心斋的爬山廊［图4-34］，给静心斋加入立体的空间体验，俯仰之间丰富了游园的趣味。除此之外，也在塑造如在山中游的意境。汉字的"仙"字，可以拆解为"山人"二字，在山里游，似乎远离市井凡尘，如同寻仙之旅。

这两例爬山廊都使用了造山而建的造园手法，使园林的立体空间变得更为丰富，增加了游人活动的界面。游人在爬山廊中行进，可以在逐渐上升的过程中俯视园林风景，感受更为丰富的游览体验。可以体验到在山中行进的感受，也就有了"看"与"被看"，使"山野趣"得到强化。

拙政园内中心区域的小山为人造山，也塑造了立体的建筑空间［图4-35］，为游人创造了大量的俯视与仰视的机会，使人有更多视角来欣赏建筑空间，包括屋顶的层次感。这里甚至创造了一处可以俯视"与谁同坐轩"的视角，创造了更多"看"与"被看"的机会。

[图4-34]
北京北海公园静心斋的爬山廊，给静心
斋加入立体的空间体验，俯仰之间丰富
了游园的趣味。除此之外，也在塑造如
在山中游的意境。汉字的"仙"字，可
以拆解为"山人"二字，在山里游，似
乎远离市井凡尘，如同寻仙之旅。

[图4-35]

　　苏州拙政园"造山而建"，塑造了立体的园林空间，也为游人创造了大量的俯视与仰视的机会，使人有更多视角来欣赏建筑空间，包括屋顶的层次感。这里甚至创造了一处可以俯视"与谁同坐轩"的视角，创造了更多"看"与"被看"的机会。

3. 当代建筑借鉴

当代社会人口激增，土地日益稀缺，建筑向空中发展、空间立体化已经成为一种必然趋势。我们可以在当代建筑设计实践中，以立体化的方式，继续引用古典园林的空间组合方式。随着当代建筑技术的日益提高，生产的方式进一步升级，立体化在技术上已经变得易于实现。

"因山而建"与"造山而建"这两种立体空间处理方式对当代建筑设计都有可借鉴之处。

当我们遇到坡地建筑设计类型时，可以借鉴古人山林造园时"因山而建"的空间处理方法。

"造山而建"的处理方法对当代建筑设计有更加广泛的借鉴作用。我们不一定在场地内用堆山的方式使建筑项目用地立体化，而是在建筑本身的设计之中采取立体化的建筑体块处理方式。在高低错落的建筑体块中，可以把园林中高低俯仰的各类手法引用进来。

立体化的空间界面有更多的机会在设计上对人的情感进行关照。高低俯仰的立体空间，使当代建筑工艺及各种复杂技术得到充分应用。

以大兴生物医药创新园为例。我在这个项目设计里创造了多个层次的立体界面［图4-36］，包括地面、下沉广场、多标高的屋顶露台花园等。这些高高低低的界面，为人们提供了多种层次的活动场地，也创造了更多立体层面的绿化，让人有更多亲自然的机会。同时，也创造了更多机会让人们互相"看"与"被看"，丰富了人们交流的形式。立体化的界面，增加了更多俯视与仰视的机会，使园区的视觉感受更具有丰富性。

[图4-36]
北京大兴生物医药创新园。笔者设计时借鉴中国园林的高低俯仰，创造了
多个层次的立体界面，包括地面、下沉广场、多标高的屋顶露台花园等。
这些高高低低的界面，为人们提供了多种层次的活动场地，创造了更多机
会让人们互相"看"与"被看"，俯仰之间，使园区的视觉感受更具有丰
富性。

虚实平衡的
建筑关系

1. 中国园林的虚实

中国园林中空间、建筑两者之间是虚实关系，也是一种平衡关系。

我们置身其中，既能感受到空间的变化丰富——对建筑的"虚"的认同；也会赞叹其建筑实体本身的精美绝伦——对建筑的"实"的认同。

建筑，在园林中，既是园主生活休憩的空间，也是一个被欣赏的对象，是精心创造的艺术品。作为整体布局上重要的节点，对游人有很强的吸引力，游园时，曲径漫步、廊引人随，每遇亭台楼阁、厅堂斋馆，都要看看、坐坐，在此驻足赏景。

关于建筑在园林里的比例，白居易在《池上篇序》里写过："屋室三之一，水五之一，竹九之一。"可见建筑在园林中的占比重要，但又不能充塞过满，建筑的占比也反映了园林中的虚实布白平衡的问题，也就是空间与建筑的虚实平衡问题。

建筑与空间的虚实平衡，在中国园林中还有一种表现方式，就是建筑的隐与显［图4-37］。

园林中的建筑有些是"显"的，如点题的楼、塔、亭、台等。"显"的建筑就是要抓住游人的视线，成为视线焦点。有些建筑是"隐"的，这些建筑从设计之初就是要与环境融合在一起，或遮掩于茂林修竹，或半藏于假山岩壁。这种半藏半露的建筑，能使园林的建筑与空间、建筑与景物更加调和，也就是使园林的整体风貌更加平衡，虚实更加平衡。

[图4-37]

苏州留园。中国园林中有些建筑是"隐"的，这种半藏半露的建筑，能使园林的建筑与空间、建筑与景物更加调和，也就使园林的整体风貌更加平衡。建筑的"隐"与"显"也是园林里虚实平衡的一种方式。

中国园林这种对虚与实的游刃有余的把握得益于中国的传统艺术与美学。宗白华先生在《中国艺术表现里的虚和实》一文中就曾指出："中国传统艺术很早就突破了自然主义和形式主义的片面性，创造了民族的独特的现实主义的表达形式，使真和美、内容和形式高度地统一起来。""辩证地结合着虚和实，这种独特的创造手法也贯穿在各种艺术里面。大而至于建筑，小而至于印章，都是运用虚实相生的审美原则来处理，而表现出飞舞生动的气韵。" 中国传统艺术的虚和实不是从几何学的空间感中去定义与探究的，

❽ 宗白华，美学散步，上海，上海人民出版社，2006：p158，159，187。

而是一切源于"我们从既高且远的心灵的眼睛'以大观小'，俯仰宇宙"❽。

晋人王羲之《兰亭集序》："仰观宇宙之大，俯察品类之胜，所以游目骋怀，足以极视听之娱，信可乐也。"嵇康诗云："目送归鸿，手挥五弦。俯仰自得，游心太玄。""晋唐诗人把这种关照法传递给画家，中国画中空间境界的表现遂不得不与西洋大异其趣了。"

这种俯仰关照之法也自然渗透到建筑艺术中去了，尤以园林建筑为胜。因此，中国园林的空

间境界也随之大异其趣，虚实的关系也更为趣味横生了。沈复《浮生六记》中说："大中见小，小中见大，虚中有实，实中有虚，或藏或露，或浅或深，不仅在周回曲折四字也。"这些都是在形容中国园林的虚与实。

宋人范晞文《对床夜语》说："不以虚为虚，而以实为虚，化景物为情思，从首至尾，自然如行云流水，此其难也。"可见中国古人对于虚实的思考有多么深入与充满哲理。

"以实为虚"，就是当代建筑学在研究图底关系时，可以考虑虚实互换，虚实相生。虚与实同等重要。

2．当代建筑的虚实

当代建筑与中国园林在虚实问题上道理相通。

现代主义建筑从第一代大师开始就强调了"空间"的重要性，这是由现代主义本身的批判性决定的。现代主义批判了西方古典建筑体系的过于注重形体与立面的弊端，转而把重心放在了建筑的空间营造上。我们通过回顾某些早期现代主义建筑大师的观点可以明了这一点。密斯认为："建筑不仅要给人们创造享受的空间，还要创造思想得以留存的空间。这样的建筑始终都是'以空间为主角的，同时也是思想理念的表达'。" ❾

当代建筑讲求积极的空间营造，就是将不可见的空间当作可操作的建筑形式一样，以积极的造型观看待，它的形式、容积、大小应该都是有意识的设计。这一点也与中国园林的意趣相似。中国园林对于空间的营造同样是主动的，"计白当黑"这个用来形容绘画的虚实之间转换的词，也可以用来形容空间与建筑的虚实转换。

❾ [M]．维尔纳·布雷泽．东西方的会合．苏怡，齐勇新，译．北京：中国建筑工业出版社，2006：22．

3．虚实关系的平衡

虚实之间有无相生，互为补充，互为拓扑关系。空间的虚空与建筑的实体在互相迎让映带与顾盼闪躲之间让整体形式变得更为丰富和有趣味。

"顾盼多姿""映带而生"这样的词是用来形容书法的。研习书法的方法之一就是看实体的笔画（实）与笔画之间的布白（虚）的关系。例如，东汉篆书《袁安碑》［图4-38］，其书法厚重雄茂、婉转多姿，从中可以体会到书法中的虚实关系，就像是当代建筑、规划领域中的所谓"图底关系"。

中国园林中的空间及建筑与书法中的布白及笔墨一样，都属于《易经·系辞》中所说的形而下的"器"的范畴，同样都要受形而上的"道"的影响。在道的范畴来看，这些都是虚实。因此，在研究中国园林建筑空间的虚实时，可以运用与研究书法、篆刻类似的思考方式，甚至是类似的形容词语。

我们谈论建筑与空间之间的虚实关系，其哲学本质就是《道德经》中的阴阳关系。阴、阳是一个对立统一的整体，而不是两个事物，它们是此消彼长、相辅相成、互为依存的关系。建筑的内与外、虚与实、有与无，都属于这个阴阳的体系。阴阳关系，都可以讲求平衡。

在中国篆刻艺术中，有两种类型的印章，我们可以称之为：朱文、白文，也可以称之为：阳文、阴文。在篆刻印章时，阴阳关系（或称为虚实关系）的平衡是主要考虑的因素之一。这不仅表现在同一枚印章里的篆刻空间讲求虚实平衡，更有在同一幅书画作品中所用的多枚印章之间也要讲求阴阳平衡。在同一幅书画作品中，不能都用阳文印章，也不能都用阴文印章，要阴文、阳文都用，并且使之相对平衡。

以前文提到的我的画作为例，画面中所用印章就考虑到了阴阳平衡的关系。《青草三间亭下》［图2-6］的画面中用了两枚闲章，右上角的闲章是：阳文"畅然"，右下角的闲章是：阴文"中隐";图4-39落款的用章也是阴阳平衡的,书斋号章是阳文,名章是阴文。

这种微妙的阴阳关系、虚实关系的平衡,是根植于文脉中的形而上的追求。

4．当代建筑实例

在设计当代园区时,我们把建筑与其外部空间用实与虚的理念来理解,与中国园林布局时的思考方式是一致的。尤其当我们仅从当代园区的总平面图布局来观察时,其虚实的分布就像一枚篆刻印章的朱白分布。

以我设计的中关村医疗器械园、大兴生物医药创新园[图4-40]这两个园区为例。从卫星地图上来观察,这两个园区就像是两枚刻在地球上的印章。它们的图底关系与书法或印章的图底关系、拓扑关系十分类似。

在设计这两个园区时,对建筑外部空间的尺度关系的思考与建筑体量的思考同时进行,虚与实互为围合关系。这样设计建成后的园区的建筑与空间紧凑且尺度恰当。

在建筑与空间的虚实之间找到合适的平衡点,是在园区设计之初就要重视的要点之一,可以从中国园林建筑空间的虚实平衡中学习与借鉴。

[图4-39]
笔者拙作《青草三间亭下》局部。印章的阴阳平衡。在同一幅书画作品中所用的多枚印章之间也要讲求阴阳平衡。

[图4-38]
东汉篆书《袁安碑》局部（碑文"阴平常。十年二"）。该碑书法厚重雄茂、婉转多姿，从中可以体会到书法的虚实关系，就像是当代建筑、规划领域中的所谓"图底关系"。

[图4-40]
北京中关村医疗器械园与大兴生物医药创新园的建成卫星照片。从卫星地图上来观察，这两个园区就像是两枚刻在地球上的印章。我们把建筑与其外部空间用实与虚的理念来理解，它们的图底关系与书法或印章的图底关系十分类似。

多种感知的

综合艺术

1. 综合艺术

中国古典园林营造是一门综合艺术，它包含了中国传统艺术的许多门类 [图4-41]。陈从周先生说过："中国园林是由建筑、山水、花木等组合而成的一个综合艺术品，富有诗情画意。"[10]

我们最容易联想到的是中国园林与中国绘画及文学的联系。中国园林里有着浓厚的中国画的影子，它们之间彼此渗透。李允鉌先生在《华夏意匠》中写道："中国传统的山水画和中国的园林建筑之间有着一定的关系并不能看作是偶然而来的一种印象或者联系，事实上它们之间有着一些内在的联系。换句话说，它们有共同的美学意念、共同的艺术思想基础。"[11]他甚至把中国园林称为"凝固了的中国绘画和文学"[12]。

中国园林的综合艺术性表现在多个方面，除绘画外，书法、文学、雕塑、音乐、戏曲、茶艺等都是其所包含的内容。当然，首先包含的是建筑学与园艺。

2. 多种感知

综合的艺术带来的是多种感知性。

人们常常把游园比作"画中游"。实际上在中国园林里游弋，远不仅仅有"画中游"的感知，因为"画中游"只反映了

[10] 陈从周. 说园 [M]. 济南：山东画报出版社，2002：3.

[11] 李允鉌. 华夏意匠 [M]. 天津：天津大学出版社，2005：308.

[12] 同 [11]：309.

[图4-41]
苏州留园。正如陈从周先生所说，"中国园林是由建筑、山水、花木等组合而成的一个综合艺术品，富有诗情画意"。

视觉，没有涉及其他感知形式。而在园林中游弋的感知是全方位的，包括视觉、听觉、嗅觉、触觉、味觉等。

如"步移景易"——视觉；"小桥流水"——视觉；"翳然林水"——视觉；"雨打芭蕉"——听觉；"琴瑟铮铮"——听觉；"亭中听泉"——听觉；"四时花香"——嗅觉；"泥土芬芳"——嗅觉；"竹林品茗"——嗅觉；"采菊东篱"——触觉；"沧浪履印"——触觉；"快雪时晴"——触觉；"闲情逸致"——笼统的感觉；"濠濮间想"——笼统的感觉；"无我之境"——笼统的感觉。

中国园林全面调动了眼、耳、鼻、舌、身、意多个感知途径，它是一个多种感知的综合艺术。

以听觉为例，中国古典园林的"声景观"可以概括为[13]：直觉与整体思维模式下声环境认知特征；人文背景下的声环境基本内涵。后者包括道法自然的"风景"观、诗画审美的"意境"说、礼乐相融的"秩序"论。

描写园林听觉的古代诗文实例很多。如晋人嵇康的诗句："目送归鸿，手挥五弦。俯仰自得，游心太玄。"将听觉与宇宙心性相呼应。左思《招隐》诗："非必丝与竹，山水有清音"将听觉领域放大到自然山水。张潮《幽梦影》："春听鸟声，夏听蝉声，秋听虫声，冬听雪声，白昼听棋声，月下听箫声，山中听松声，水际听欸乃声，方不须此生耳。"将听觉的种类与时间变换、空间转换相对应。

园林中以声音美为主题的景致营造比比皆是，如杭州西湖的"曲院风荷""南屏晚钟""柳浪闻莺"，拙政园的"听松风处""留听阁""听雨轩""梧竹幽居"，承德避暑山庄的"远近琴声""万壑松风""水流风拂""夹镜听琴"，等等。

从中可以读到古人在园林中对声环境与听觉感知的塑造。

当代建筑也有多种感知的综合运用，以丰富其建筑的感知层面。如安藤忠雄的一系列教堂设计：风之教堂、水之教堂、光之教堂，通过强化人对于风、水、光的感知而使其成为建筑的主题立意。

当代建筑理论家尤哈尼·帕拉斯玛在他的经典著作《肌肤之目：建筑与感官》一书中有很多类似观点的论述，该书的第二章为"以身体为中心"，主要论述多重感觉的体验、阴影的重要性、音响的亲密感、触觉的质感性、气味的空间、触摸的形状、身体的确认，等等，都是在论述不仅以视觉为中心来体验建筑与环境。他提倡对建筑与环境的丰富性感知要有更多的维度，我对此深感认同。

[13] 袁晓梅，吴硕贤. 中国古典园林的声景观营造[J]. 建筑学报，2007（2）

3．当代借用

中国园林多种感知的综合艺术性，可以被借用于当代的园区建筑设计中。

以中关村医疗器械园为例。这个园区内设计有几处小型下沉庭院，这些小庭院的尺度刚好像一个个园林，使人完全忘却这里是一个地下空间。每个院子都被赋予了独特的名称，分别以春、夏、秋、冬四季为主题，院中植物也依照四季主题来栽种，使身在其中的人能感知到四季的变换，光阴的流转，为人们创造多种感知的氛围。

这四个下沉小院子分别是："玉兰春坞"，以竹林、海棠为主，林间设置喷雾加湿系统，效仿春雨意境。"听雨夏轩"，以水池统领小院，营造夏季观荷听雨的氛围［图4-42］。"待霜秋院"，种植红枫与果树，取秋天丰收之意趣。"雪香冬岭"，种植松柏，待雪后，品味冬季的沉缓与静谧。

花木、果实、气味、空气、雨水、土壤、阳光，乃至月光都可以是我们感知建筑与环境的媒介。视觉、听觉、触觉、嗅觉、味觉，加上心念的想象，都是感知建筑与环境的途径。这些感知在古典园林中是司空见惯的，我只是在园区设计里对它们进行了主动的借鉴。

这些院子的铺地材料不是常见的石材或广场砖［图4-43］，而是采用了中国古典园林里常用的青砖与立瓦铺砌。青砖与立瓦是能带给人以时间质感的材料，更加贴近人的尺度和人的心理温暖感。这样处理可以排除产业园区常常因科技感而产生的距离感与冰冷感。这里我直接向中国园林借用了除视觉以外的更具触觉质感的材料来丰富人对建筑与环境的感知。

这个园区设计于2013年，2017年竣工投入使用，几年后我去这个产业园回访，看到这几个下沉的小院子经过几年的使用，以前种植的景观花木生长旺盛，果树上结着果子，地面的青砖还养出了点点青苔。我当时想到了唐代寒山的一首诗："苔

[**图4-42**]
北京中关村医疗器械园中四个下沉小庭院中的两个，上图为"玉兰春坞"，下图为"听雨夏轩"。用造园的方式使人不觉得这里在地下，像是置身于地面之上的园林中。

［图4-43］
北京中关村医疗器械园的半围合院落，青砖隔墙，竹林掩映，光影斑驳。
地面采用了中国园林里常用的青砖铺砌。青砖这样的材料能带给人以时间
的质感，更加贴近人的尺度和人的心理温暖感。向中国园林学习建筑环境
的多种感知性塑造。图片来源：本书作者拍摄。

滑非关雨，松鸣不假风。谁能超世累，共坐白云中。"在这里创造出多种感知意象，使科技园区超越其基本的功能需求，使在这里工作的人沉浸在中国园林式的环境里，这与我当初的设计初衷非常一致。

　　园区的下沉广场有一处地下通道［图4-44］，人们偶尔通过此地，会被迷幻的玻璃映射效果所吸引。通过玻璃的映射效果，产生真实场景与镜像场景交相呼应的视觉意象。通过强化视觉感知，来实现人的心理放松与愉悦，实现人与环境的良性互动。设计的出发点是为在园区工作的人创造更加有趣的环境，在此，使用了视觉强化的方式来实现。

［图4-44］
北京中关村医疗器械园下沉广场的地下通道。在此，通过玻璃的映射效果，产生真实场景与镜像场景交相呼应的融合感，通过强化视觉感知，来实现人的心理放松与愉悦，实现人与环境的良性互动。

　　园区的这些设计，不仅仅是出于视觉感知而做的，它包含了对眼、耳、鼻、舌、身、意多种感知的综合体验的充分调动。这个园区不仅其意境和小院名称取自中国园林，这种关注人的综合感官体验的设计也是在向中国园林学习。

　　我心目中的当代建筑设计，也是一门多种感知的综合艺术。

师法自然的
生态环境

1. 道法自然

　　"道德经"三个字中，"道"是天地万物的根本规律，"德"是接近或遵从"道"的途径与方法，"经"是通过文字来记录与解释这个"道"与"德"的体系。

　　在道家的思想文化体系里，"道"是最高的境界。在这样的思想体系的影响下，中国艺术所追求的最高级的境界，是接近"道"。

　　中国园林作为中国艺术的重要一环，其艺术的终极追求也是接近"道"。《道德经》里说："人法地，地法天，天法道，道法自然。"古人在造园这件事上，一直在接近"道"，一直在追摹"自然"。

　　因此，我们能看到中国园林表现出来的是一种师法自然的状态。

　　这也和本书前文论述过的古人造园的目的再次契合，并形成指导思想与事物结果之间的闭环。古代文人造园是为了造一座城市里的山林，造一座属于自己的自然山水，使园主人能诗意地栖居在园林里，隐逸在园林中。因此，园林的设计样貌接近自然，正是造园形式上的重要追求。

　　对园林师法自然的形式追求，也正好能契合文人对"道"的体悟，对"道"的追摹。因此，我们才看到一座座中国古典园林都有自然而然的表现形式，营造出一种亲自然、师法自然的生态环境。

"道"只能悟，不可言传。因此，我们要更多地借助"德"来实现对"道"的追求。我们常说的"天人合一"，其实就是一种"德"，是接近"道"的途径。

2. 天人合一

中国人认为建筑与衣服一样，是人和自然之间的一个中间介质。中国人有"天人合一"的宇宙观，认为自然界存在着普遍规律——天道，人是自然的一部分，人道与天道具有一致性，个人的最高境界是追求天道、人道的统一。

中国园林包含了许多古代生态建筑学的精华。古人将天、地、人放在同一层面并论，把人的小环境放在自然的大环境中，把人作为自然界中的一环来看待，努力建立人与环境的和谐关系。

明清时期的《日火下降，旸气上升图》[图4-45]很直观地表现了中国古代对生态环境的天人合一的整体观念，也就是生态环境整体流变与演化的观念。中国科学院自然科学史研究所地学史组主编的《中国古代地理学史》一书中指出，此图"对太阳辐射在空气对流中的作用，作了形象化的生动表示。它说明了风、云、雷、电、雨等的形成原理和过程"，"说明水汽上升，成云致雨，流湿地面及渗入地下的水分循环情况"。

我国古代环境生态学，除了关注空间上的自然生态流变演化之外，也把时间因素考虑在内，这样就形成了把时间与空间整体考虑的生态环境观念，即古人所称的"子午流注"。

"昼夜者，天之一息乎！寒暑者，天之昼夜乎！天道春秋分而气易，犹人一寤寐而魂交。"[14]

古人从直觉和实践经验上总结出大自然中气、水、能量等生态现象与人的关系——"内气萌生，

[14] 张载，《正蒙》·太和篇。

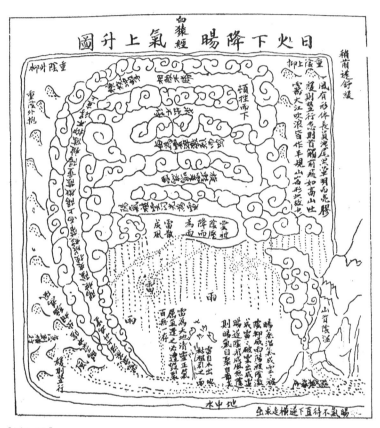

[图4-45]

《日火下降，旸气上升图》很直观地表现了中国古代对于生态环境天人合一的整体观念，也是生态环境整体流变与演化的观念。古人将天、地、人放在同一层面并论，把人的小环境放在自然的大环境中，把人作为自然界中的一环来看待，努力建立人与环境的和谐关系。图片来源：王其亨. 风水理论研究[M]. 天津：天津大学出版社，1992：5.

外气成形，内外相乘，风水自成"。

这种朴素的，却又是系统性的生态环境观，正是对治工业革命以来轻视自然生态、以牺牲自然生态换取发展的有益的理论。

我国古代整体的生态环境观也影响了园林的设计思想。明代计成《园冶》"相地篇"写道："多年树木碍筑檐垣，让一步可以立根，荫槐挺玉成难。"这是东方式的环境观。不是侵略的，而是怀柔的；不是征服的，而是保护的；不是彰显的，而是和谐的。

从形而上的"道"的层面上看，"天人合一""自然""无为"等观念，是中国古典园林的核心内容。这正是当今社会需要的环境观。把人放在环境中去考虑，人不可以无休止地向自然、向外界环境索取，不能总抱着征服者的心态去面对环境，这些基本思想无疑会给我们今天的环境与景观建筑学带来有益的影响。中国古典园林给我们树立了很好的榜样。

3. 翳然林水

我们再次以北京北海公园的"濠濮间"为例来说明中国园林的生态环境观。《世说新语》中提到的"翳然林水"就是遮遮掩掩的、隐隐约约的林水。这种若隐若现的林水景致，会让人产生"山野趣"的自然美的联想，尽管园林空间不大，却让人如同置身于山野自然之中，甚至"觉鸟兽禽鱼自来亲人"。

从中可以读出古人所追求的"山野趣"。它所指的不仅要回归自然——"亲自然"，更有深一层的意思——"亲生物"。

蒂莫西·比特利写过一本书：《亲自然城市规划设计手册》（ *Handbook of Biophilic City Planning and Design* ），从其英文 Biophilic 来看是在论述人的亲生物性。书中写道：哈佛大学的昆虫学家爱德华·威尔逊将亲自然性（亲生物性）定义为"人类对其他生物体的天生情感归属。天性意味着遗传性，因此亲自然性从根本上而言是人性的一部分"。

"濠濮间"这个典故非常巧合地涵盖了亲自然性的两个方面。"翳然林水",包含了"亲生物"中的"植物";"觉鸟兽禽鱼自来亲人",包含了"亲生物"中的"动物"。也就是古人认为的人与自然是一个整体,人类是大自然的一个环节。因此,这个典故所表达的是人想回归自然的天性。

从形而下的"器"的层面上看,中国古典园林发达的园艺是我们今天的景观建筑学可以拿来运用的技艺。我们可以将传统园林的理水搭桥、堆山叠石、花鸟草木等,借用在景观营造中;也可以取其精髓,抽象以后再借用,用在建筑环境艺术的各个领域[图4-46]。

[图4-46]
苏州拙政园的一处墙面与竹子,就像天地滋养成就的一幅画,是中国园林生态的环境观造就的自然美。

4．有机融合

中国园林的建筑与自然环境要素是你中有我、我中有你的相互融合的关系。我们很难分辨出一处园林景致是指建筑要素还是自然要素。如留园中的"古木交柯"［图4-47］，庭院靠墙筑有花台一个，墙面有"古木交柯"砖匾一方，花台植有柏树、云南山茶各一株。墙体为建筑要素，花木为自然要素，砖匾为文化要素，共同构成了一处意趣完整的景致。各要素之间是相互交织在一起的，不分彼此。这正是中国人的建筑环境观的缩影。

中国园林的各种环境要素是一个有机的整体，它们之间互相关联、互相影响、互相连带。

［图4-47］
苏州留园的"古木交柯"。庭院靠墙筑有花台一个，墙面有"古木交柯"砖匾一方，花台植有柏树、云南山茶各一株。墙体为建筑要素，花木为自然要素，砖匾为文化要素，共同构成了一处意趣完整的景致。各要素之间是相互交织在一起的，不分彼此。这正是中国人的建筑环境观的缩影。

《小窗幽记》中有这样一段写园林之间各要素关联的文字，双承顶真，一气呵成：

"门内有径，径欲曲；径转有屏，屏欲小；屏进有阶，阶欲平；阶畔有花，花欲鲜；花外有墙，墙欲低；墙内有松，松欲古；松底有石，石欲怪；石面有亭，亭欲朴；亭后有竹，竹欲疏；竹尽有室，室欲幽；室旁有路，路欲分；路合有桥，桥欲危；桥边有树，树欲高；树阴有草，草欲青；草上有渠，渠欲细；渠引有泉，泉欲瀑；泉去有山，山欲深；山下有屋，屋欲方；屋角有圃，圃欲宽；圃中有鹤，鹤欲舞；鹤报有客，客不俗；客至有酒，酒欲不却；酒行有醉，醉欲不归。"

这段文字内容不仅把各种环境要素合为一体，更是把各种人文要素合为一体，有屋舍，有园艺，有山水，有林泉，有鹤、有客、有酒。

中国园林中蕴涵着古人寄情山水的情怀。古人既希望隐逸于山水间，回归到自然的生态环境中去，又不愿脱离尘世的便利与享乐，园林为这种情结找到了归宿。现代人可以向古人学习，在疲于奔忙之外找到一方自然环境的所在。中国园林给现代人提供了可行的方式。这是一种容易接受的对传统文化的传承，对当代建筑乃至人的生活都可以产生有益的影响。

《孟子·尽心上》写道："居移气，养移体，大哉居乎。"人在不断创造环境，同时也在被环境所改变，合适的人居环境，可以提升人的气质与生命状态。人们在这种与自然和谐的环境中活动，其心理会发生潜移默化的变化，会更加关注自然环境，也会愿意把更多的时间放到自然环境中去。

本书第一章的钢笔速写［图1-1］，是我1996年10月写生于杭州虎跑寺园林。这幅速写所表现的正是由自然风景与建筑共同构成的景致，表达了我的基本环境观念：建筑与环境是一个整体。这个环境观的形成有赖于中国园林的熏习，这个环境观反过来又对我的建筑设计实践产生了深刻的影响。

［图4-48］

北京中关村医疗器
械园下沉广场。笔
者在设计时，注重
建筑与自然环境的
统一塑造，在这个
地下空间，整合
水体、草坪、乔
木、灌木、汀步等
园林要素，用于建
筑外部空间，共
同构成一个完整的
景致。

　　在北京中关村医疗器械园设计中，我把其中的下沉广场
［图4-48］作为建立人与环境之间和谐关系的载体，注重建筑与
环境的统一塑造。在这个地下空间整合水体、草坪、乔木、灌
木、汀步等自然环境要素，用于建筑外部空间，共同构成一个完
整的景致。

　　中国园林，就是浓缩于方寸之间的自然生态与建筑的整体。

　　这是一种建筑与自然的和谐共生的观念。

　　当代建筑师有很多机会引用传统的建筑与环境观念，以设
计出有本土文化痕迹的当代建筑。

华夏美学的人文元素

1. 中国文化元素

除了自然的风景元素外，中国园林还有浓厚的人文元素，这是中国园林的一个重要特征，使其区别于西方古典园林。

本书前文用一章的篇幅来论述中国园林的文化源流，其原因就是华夏美学的人文气质是中国园林极为重要的自身特征与属性。中国园林像是中国传统文化的一个缩影，或者可以形象地说，中国园林是把传统文化浓缩于一处的"盆景"。

2. 园林人文气质

除了在形式塑造方面体现华夏美学以外，中国园林还用一些特有的人文元素来体现，比如游园题诗、书法题署、楹联点题，等等。所有这些"特殊"的人文元素，其实都是本书前文论述的中国文化源流的反映。

华夏美学的特色，造就了中国园林的特色；中国人特有的人文特征，造就了中国园林的人文气质。

中国园林在造园中对人文立意的要求很高。从一整座园林，到园林中一处处的造景，都十分注重其人文意境的塑造。在造园过程中可以借助多种综合的人文手法来实现其造园的"意趣"与人文气质。

其人文元素的实现手法主要包括：

（1）用书法题署、楹联、匾额、墙面悬挂书画作品等点题。如苏州怡园藕香榭内景，采用经典的中国古典园林室内陈设，楹联、诗词、书画、家具与室外的建筑、花木、山石、水桥相协调[图4-49、图4-50]。

（2）以某种植物的人文联想来给某个景致点题立意。

（3）用水体、假山等造园语言来点题。如狮子林的假山，以山石为主要造园语言，并实现其人文立意。

（4）用文学或传说故事的意象来点题，如海外三山的意象。

古代文人、士大夫将自己的人格价值及对自然美的向往倾注于这小小的园林中，以"壶中天地""芥子纳须弥"的心境描绘出一幅立体的山水画、花鸟画，自然流露出华夏美学的人文气质。

以《红楼梦》中的大观园为例。我们对这个园林的印象不只是它的建筑与园艺，让我们感触更多的是园子的"情"与"景"，是这些情景的人文气质。"稻香村""有凤来仪""沁芳亭""蘅芷清芬"等处处寓"情"于景，每处都有楹联、诗词、书画、琴瑟来与建筑、花木、山石、水桥相协调。在这样一处处景致中上演一段段动人的故事，让我们觉得整个故事是那么完整和统一，其中的园林不能从中被分离出来，它们是一个整体。"大观园试才题对额"中，曹雪芹借贾政之口说道："若大景致，若干亭榭，无字标题，任是花柳山水，也断不能生色。"可见题署在中国园林中占有多么重要的地位。

除了散发人文气质，题署还有一定的实际作用，它可以起到提示园景、点石成金的作用。其作用犹如文章之有题目。

3. 人文点题作用

人文点题的作用有多种。

点明空间主题：利用题署直接点题，如"怡园"两个字的题署直接点明主人对园林的志趣所在。

提示环境特征：通过启发人们联想，提示环境的特征，如拙政园的一处门洞，上嵌"通幽"[图4-51]二字的小门额，

[图4-49]
苏州怡园藕香榭内景。经典的中国古典园林室内陈设，楹联、诗词、书
画、家具与室外的建筑、花木、山石、水桥相协调，具有华夏美学的意境
和人文气质。图片来源：苏州园林设计院. 苏州园林[M]. 北京：中国建筑
工业出版社，1999.

［图4-50］

苏州怡园入口。建筑墙面、花木、山石、书法相协调，突出了华夏美学的意境和人文气质。图片来源：苏州园林设计院．苏州园林[M]．北京：中国建筑工业出版社，1999.

[图4-51]
拙政园的一处门洞，上写"通幽"二字，提示人们通过这个门洞将进入一个清幽之境，既十分恰当，表达方式又很清雅。题署在中国园林中占有非常重要的地位，散发人文气质，还有一定的实际作用，它可以起到提示园景、点石成金的作用。其作用犹如文章之有题目。

[图4-52]
中关村医疗器械园的建成照片。笔者在园区设计时借鉴了中国园林的传统人文与美学理念，赋予园区规划与景观以剧本式的场景感。

提示人们通过这个门洞将进入一个清幽之境，既十分恰当，表达方式又很清雅。

渲染空间氛围：利用典故或者各种景物题署或点题，使人超越眼前的空间氛围从而升华空间的人文气质。如拙政园的"与谁同坐轩"，通过用苏东坡的词"与谁同坐，明月、清风、我"来渲染氛围，使空间营造出一种超然物外的情景，让来此轩亭小坐、停留的人产生一种超时空神交苏轼、与明月清风同坐的境界。

这是一种潜移默化的、"润物细无声"的影响。当这种美学意境和人文气质渗透到当代建筑中去，就会有机会创作出远比折中主义的大屋顶建筑更具有中国传统韵味的建筑。

4．当代建筑实例

当代建筑可以向中国园林美学意境借鉴，可以向其人文元素借鉴，可以向旧时文人的生活情趣借鉴。这是一种借鉴，更是一种文化传承。

仍以中关村医疗器械园为例［图4-52］。我在园区设计时把传统人文与美学理念用到各种细节中，赋予园区规划与景观以剧本式的场景感。其景观设计概念为"清泉石上流"［图4-53］，这种美学意境的灵感援引自中国园林。

在主要规划脉络上的下沉广场的核心，塑造一处景致，由一条流水与三座"浮岛"组成，隐喻"海外三山"（蓬莱、瀛洲、方丈）［图4-54］。将山的意象转化为岛，以"岛"为载体，容纳各种景观设计元素，如树木、花草、座椅、小品等。

在"海外三山"之南，紧邻设置一组供人们休憩交流的座椅及相应的景观绿植，在这个小空间内创造出一处景观小品，命名为"与谁同坐"。在设计时充分考虑人的身体尺度，使在此对坐的人有亲切舒适的距离感，以苏轼的词"与谁同坐，明月、清风、我"为设计理念定义这个小空间。

从下沉广场经"远上寒山"的大台阶拾级而上之后，设计一处水景，其中有荷花，将此处点题为"藕花深处"，摘自李清照的词"争渡争渡，误入藕花深处"。"藕花深处"的水边有游廊穿过，游廊尽端设有一处亭子，名"荷风四面亭"。这个亭子的名称直接来源于苏州拙政园，以此向中国园林致敬。

这个园区设计在用当今的建筑材料、当今的建造方式、满

［图4-53］
左图：笔者绘制的中关村医疗器械园景观脉络设计草图，其概念为"清泉石上流"，这种美学意境的灵感援引自中国古典园林。

［图4-54］
右图：北京中关村医疗器械园下沉广场的景观设计图。广场由一条流水与三座"浮岛"组成，隐喻"海外三山"。

足当今的功能使用要求的同时，加了一点"料"，加了一点中国园林常用的人文元素的"料"，给空间带来了更有意趣的人文氛围，使环境呈现出一些文化上的特色。

在当代建筑设计中，有很多意境塑造的实例。以某种意境或者语言来为建筑立意，是经常用到的方式。如贝聿铭先生设计的美秀博物馆，就是先有"桃花源"的立意，后有各种空间及形式的设计。

以一个人文立意来整合同一建筑项目不同区域、不同形式的区段，从而让建筑出现明显的连续不断的故事线索，这就赋予这个建筑超越物理空间与环境的人文感知。人们在感知这样的建筑时，建筑形式、风格乃至建筑材料都退到第二位，冲在建筑感知首位的则是其人文的立意与故事线索。

有了这样的人文气质，可以冲淡从古至今不同时期的建筑风格、建筑材料的隔阂，使得建筑设计获得更大的自由度。

建筑礼乐的
场所精神

本书第二章已经写过，"礼"和"乐"是儒家思想的基本范畴，也是中国传统建筑文化的基本思想。

1. 中国传统建筑的礼和乐

作为传统文化中一种形而上的思想意识，"礼"和"乐"一定会反馈到形而下的传统建筑的形式上。

"礼"的属性反映在建筑表现形式上，是指形式规则的、严整的、严肃的、简洁的、直接的、轴线感的、仪式感的、威严的，等等。

"乐"的属性反映在建筑表现形式上，则是更加偏重自由的、松散的、轻松的、复杂的、曲折的、去中心化的、生活化的、休憩的，等等。

中国传统建筑形式正是由这两种截然相反的形式倾向共同构成的。

笼统而言，宫室建筑侧重于"礼"的表现，而园林建筑则更偏重于"乐"的表现。有时候，这两种对立相反的形式会统一在同一座建筑或园林内。

古代建筑中礼乐突出且极端的例子就是紫禁城午门的南北两个立面的门洞口设计［图4-55］。同一个门洞口，在南立面上呈现为矩形，而在北立面上却呈现为圆拱形。

为什么这样设计？用纯形式主义的理论是难以解释的，然而用礼乐理论却很好解释。午门外的南立面是紫禁城对外的

［图4-55］
北京故宫午门的门洞。这是礼乐突出且极端的例子。同一个门洞口，在它的南立面上呈现为矩形，属于"礼"的范畴，而在北立面上却呈现为圆拱形，属于"乐"的范畴。

门户，它的建筑氛围应该属于纯粹的"礼"的范畴，"礼"需要用方正的形象来表达；而其北立面所对的是朝廷内部，是朝廷自己关起门来说话的地方，因此相对于午门外的南立面而言，午门内的北立面属于"乐"的范畴，因此这里选择用圆拱形的洞口来表达。从这个例子可见，礼和乐在中国传统建筑文化中具有多么广泛的意义。

2．中国园林的礼和乐

礼乐思想对中国园林的影响也很深远，在重"礼"的古代，住宅建筑群的前区部分都是属于"礼"的范畴。对外而言，住宅前区要开门迎客，当然要有"礼"；对内而言，住宅群体内部不同家族成员之间也要遵"礼"。其建筑表现为：在住宅院落群体中轴线上布置对称形式的厅堂，厅堂室内布置对称的家具及装饰陈设；正房、厢房均依礼制分配给不同家族成员，等等。

园林位于家宅内部或旁侧，是可以更自由地生活的起居部分，在这里突出诗情画意与主人的闲情逸致。这样，园林作为住宅建筑群的重要组成部分，与位于前区的厅堂、居室一起，共同构建了古代居住院落的礼和乐的和谐统一。

代表"乐"的园林建筑是更适宜人居住、更具人性化的建筑。

古代也是这样，即使贵为皇帝，也是更喜欢在园林里多花一些时间。比如，"玄烨最初把明代的'清华园'改建为'畅春园'作为自己生活起居的御园，其后在畅春园北修建了一座'圆明园'给还未登基的胤禛（雍正）。到了雍正登基之后，他便把圆明园扩建，使之尤胜于畅春，最后索性搬'家'到这里来，每年御驾驻园达10个月之久，可见皇帝是爱'园'不爱'宫'的"❶。

以苏州留园为例。从留园平面布局［图4-56］能看到儒家"礼""乐"思想在园林中的影响。留园南部贴近主要入口的前区，院落布局规整，轴线感强，是园主人起居、会客的主要区域，这部分对整个园林而言属于"礼"的范畴。北侧及西侧的造园部分属于"乐"的范畴，具有自由的空间组合方式与自然生态的画面感。属于"乐"的园林这部分才是园主人恣意发挥其创造性的一方天地，率性展现主人思想内涵的载体，为在这里生活的人提供一个释放天性的空间场所。

再以北京北海公园静心斋［图4-57］为例。静心斋入口处的"荷沼"位于迎门的第一进院子，是一个由游廊围合起来的长方形院落，规规矩矩、方方正正，有儒家"礼"的意味。在整个静心斋的院落体系里，它是唯一一处有规则平面的院落。

穿过"荷沼"之后才是一个全部为自然面貌的静心斋核心院落，亭台池沼自由布局，采用不规则的平面布局，把氛围推向完整意义上的"乐"。这个例子表明，尽管静心斋作为整体而言，它是一座园林，是属于"乐"的范畴；但仍然可以划分出偏重"礼"的某一个区域和属于"乐"的另一个区域［图4-4］。

这两种不同属性的园林空间性格，仅有一道"门"之隔，走过了"荷沼"穿过内院的那道"门"，就是另一番天地，另一种不同形式的空间

❶ 李允鉌. 华夏意匠［M］. 天津：天津大学出版社，2005：329.

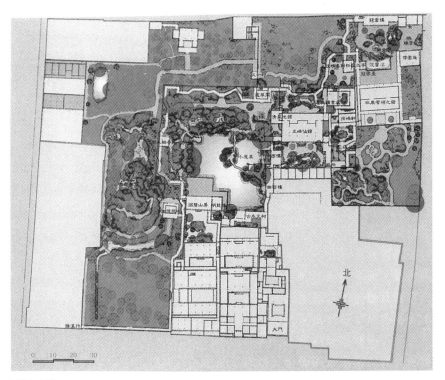

[图4-56]
苏州留园。从留园的平面布局能看到儒家"礼""乐"思想在园林中的影响,留园南部贴近主要入口的区域布局规整,由三进规则的院落组成,是园主人起居、会客的主要区域,这部分对整个园林而言属于"礼"的范畴。北侧及西侧的造园部分属于"乐"的范畴,具有自由的空间组合方式与自然生态的画面感。图片来源:苏州园林设计院. 苏州园林[M]. 北京:中国建筑工业出版社,1999.

［图4-57］

北京北海公园静心斋有几个相对独立的小院，入口处的"荷沼"位于迎门的第一个院子，有儒家"礼"的意味。它是静心斋中唯——处有规则平面形状的院落。穿过它之后是自然面貌的核心院落，把氛围推向完整意义上的"乐"。

组织方式。它们出现在同一个园林中，并不会显得冲突，因为它们是同一个事物的不同的两面。

由静心斋这个例子可见，中国园林中所谓的礼和乐是一组对立统一的整体。

这就又回到中国文化中阴阳的理念。《易传·系辞上》所言的"易有太极，是生两仪"，两仪即阴和阳，阴和阳不是两个事物，而是同一个事物（"太极"）的不同属性。你中有我，我中有你，它们在变化中可以互相转化，相辅相成。阳盛而阴少，阴盛而阳少，阴和阳作为一个整体的总量太极不变。

中国园林中的礼、乐正是这样，它们是同一个事物的两个不同的思想倾向。它们的形式并不相同，在一起并不会互相冲突，反而会因为彼此有不同，会显得对方性格更加突出。

礼和乐的关系，本质上是一对阴和阳的关系。

3. 当代建筑的礼和乐

当代建筑，如果以儒家思想的视角来看，仍然可以分为重"礼"与重"乐"两种形制。换成当代的建筑学语言来形容，就是存在着两大类具有不同"场所精神"❶的建筑。

当代重"礼"的建筑需求依然存在，因为对礼的场所精神是有需求的。一些城市公共广场、公共建筑都需要礼仪性的场所精神的塑造。我们经常看到的具有仪式感、轴线感的建筑就是这种类型。还有一些公共建筑的主要临街立面，需要礼仪性的对外形象，它的立面与广场可以用"礼"的属性来设计。

古代"乐"的建筑常用于园林、居住，以及可以相对弱化礼制的场所。

当代建筑的"乐"的范围比古代

❶ 诺伯格-舒尔茨. 存在·空间·建筑[M]. 尹培桐，译. 北京：中国建筑工业出版社，1990. 舒尔茨认为现象学抛弃科学哲学的『成见』回到事物自身，在建筑的讨论上就是要回到『场所』，从『场所精神』上获得最根本的经验。

扩大了，也就使"乐"的表达的可能性大大增加。表达方式也不同，因为现代人的生活与思想方式已与古代大不相同。

"乐"有"去中心化"的思想倾向。"去中心化"，正是当代艺术的思想方式。马塞尔·杜尚的《泉》把一个小便斗作为一件艺术作品展出，并不是那个小便斗本身有什么艺术价值，而是它反映了"去中心化"的艺术思想精髓。当代建筑的一些设计作品也有类似的思想。如丹尼尔·里伯斯金（D. Libeskind）设计的柏林犹太人博物馆，消解了人们习以为常存在的主轴线，替代为自由的折线形的建筑空间，并且在其曲折建筑形体的内部暗示了一个被消解的轴线。这个就是"去中心化"的当代建筑思考方式。❶

"乐"的建筑往往具有自由的、自然的布局形式。这种自由、自然的布局给了空间以更多的表达可能性，也给人们带来更大程度的空间丰富性。这与经历过早期现代主义之后的当代建筑的空间设计原则相匹配。

自由的布局也使建筑与环境的相互融合更为方便可行［图4-58］，使建筑与环境你中有我、我中有你，密不可分。在当代建筑中，可以在适合"乐"的场所精神塑造的建筑与环境中，把建筑设计得更为自由，与环境的融合性更好。

儒家的礼乐思想对中国园林的影响可以延续到对当代建筑的影响。

礼乐这两种不同的场所精神，在同一个建筑、同一个园区中，不同的分区可以有不同的呈现。有些区域是"礼"的体现，有些区域是"乐"的体现，它们共同构成一个辩证统一的整体。正如前文所述的留园和静心斋的例子一样。

❶ 彼得·埃森曼. 建筑经典：1950—2000 ［M］. 范路, 陈洁, 王靖, 译. 北京：商务印书馆, 2020.

[图4-58]
　　无锡寄畅园。园林建筑是体现儒家思想"乐"的建筑，往往具有自由的、自然的布局形式，是更适宜人居住、更具人性化的建筑。

4．当代建筑设计实例

以我设计的乌鲁木齐轨道交通总部基地为例。在规划设计这组建筑群时，除了要考虑如何把它们有机组合成一个整体，还要考虑如何塑造不同氛围、不同属性的场所精神。

这个项目的规划设计方案［图4-59］在不同的区域体现了"礼"和"乐"不同氛围的场所精神。把总部办公楼超高层建筑布置在东侧，面向最宽阔的主要街道卫星路；把上下游企业办公的高层建筑面向北侧重要街道华山街；在街角布置会议中心，把安防等级高的轨道交通指挥中心隐藏在用地最安静的内院区域。

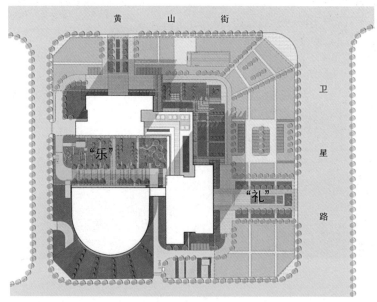

［图4-59］

乌鲁木齐轨道交通总部基地总平面图。规划方案体现了礼乐不同氛围的场所精神。场地面向东、北两条主要城市道路的区域设置了礼仪广场，属于"礼"的思想范畴；在场地内部，由四段建筑共同围合而成了一个办公内院，是园区内部环境，符合"乐"的思想范畴。

这样的规划布局，奠定了"礼""乐"两种场所精神的基调。

场地面向东、北两条主要城市道路的区域，结合宽阔的城市绿化带，设置了礼仪广场，以其庄重的气场烘托总部办公建筑的氛围。对于这个国有企业而言，正需要这样的稳重形象来面对公众。这是一种符合"礼"的场所精神。同时，在场地内部，由四段建筑共同围合而成的办公内院，主要由在此办公的员工使用，是园区的内部环境，像一个后花园，属于"乐"的思想范畴。在这里塑造轻松愉悦的场所精神来面向内部员工。

有了礼乐两种不同的场所精神的划分，该项目的景观设计就自然延续这样的设计分类特征，分别用不同的手法来展开设计，用景观环境进一步强化礼乐的不同气场。属于"礼"的范畴的面对城市道路的对外广场［图4-60］，主要用简洁、平整的大草坪和广场铺地来烘托其稳健的气场；属于"乐"的范畴的办公内院，用更为灵动、亲切可人的设计元素来实现其场所塑造。

在这个内院设计中［图4-61］，设计尺度明显变小，显得更加接近人的尺度，有更多的座椅来供人休憩停留。除此之外，在内院里还特地设计了一处小游园，有蜿蜒曲折的环形小径布置其中；并用一个亭子给小游园点题。这座小亭子也是取自中国古典园林的意象，是我向中国园林的致敬。

这个园区对外的区域强调"礼"，气氛端庄、大气；内院则强调"乐"，气氛轻松、自然。"礼"和"乐"辩证地统一在一起，共同完成了该园区的环境与场所的塑造。

再以我设计的北京轨道交通大厦为例。该建筑南侧的建筑主体及其前广场，面向城市主要道路（北京南四环），属于"礼"的范畴，给人一种彬彬有礼的建筑气度。而这几个建筑体块及游廊共同围合成的内院，或者称为"后院"，具有"乐"的场所精神，为人们提供亲切温馨的办公环境，可以看作是一个小园林。这两个不同范畴的场所精神共存于同一组

[图4-60]
　　乌鲁木齐轨道交通总部基地建成照片。面向城市的绿化广场体现"礼"
的场所精神，用简洁、平整的大草坪和广场铺地来烘托其稳健的气场。

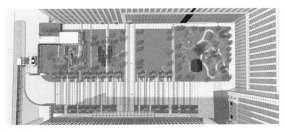

[图4-61]
乌鲁木齐轨道交通总部基地内院设计鸟瞰图。内院
体现"乐"的场所精神，设计尺度明显变小，显得
更加接近人的尺度，有更多的座椅来供人休憩停
留。除此之外，在内院里还特地设计了一处小游
园，有蜿蜒曲折的环形小径布置其中；并用一个亭
子给小游园点题。这座小亭子也是取自中国古典园
林的意象，是笔者向古典园林的致敬。

建筑群中，相辅相成，互为补充，共同构成了这个建筑群的建筑环境［图4-62］。可以感受到礼乐思想在当代建筑中的应用［图4-63］。

我在设计汕头海上风电"四个一体化"产业园的创新综合楼时也用到了礼乐的设计思想。这个建筑的沿街主立面为叶片檐廊的造型，一是点题海上风电的设计主题；二是沿街主立面展示了开放的气度；三是能起到建筑遮阳的作用。用大尺度的檐廊，体现海上风电产业园的"双碳"创新高地的项目定位；高大的沿街形象，与高大冷峻的产业园工业建筑相匹配。这体现"礼"。建筑的背街面设计了内院花园与屋顶花园，让建筑回归亲切的小尺度空间，用园林绿化与休憩设施让在这里办公的人感到舒适惬意。这体现"乐"［图4-64］。

在礼乐的理念下，大和小被统一在同一个建筑中，和谐共处；在礼乐的理念下，宏大叙事与个体的内心矛盾在这里得到化解。

从以上几个设计实例可看到，礼乐的设计理念在当代某些类型的建筑设计中具有适应性。面向城市公众的环境与面向内部人员的环境采取两种不同的设计思路，分别满足城市公众对环境的期许、园区内部人员对环境的需求。

这样的建筑"一体两面"，内外有别，具有双重的性格。将两者辩证统一在同一个建筑项目中，各取所需，相得益彰。

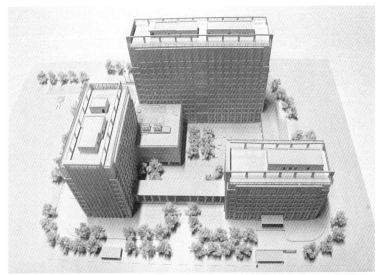

[图4-62]

北京轨道交通大厦模型。南侧、东侧的建筑主体及其前广场面向城市主要道路，属于"礼"的范畴，给人一种彬彬有礼的建筑气度。而由这几个建筑体块及游廊共同围合成的内院，或者称为"后院"，具有"乐"的场所精神，为人们提供亲切温馨的办公环境。

［图4-63］
北京轨道交通大厦建成照片。东立面与南立面是本建筑对外的形象面，可以窥见建筑的"礼"的精神。

[图4-64]
汕头海上风电"四个一体化"产业园创新综合楼。沿街主立面用大尺度的檐廊序列，体现"礼"。背街面设计了内院花园与屋顶花园，让建筑回归亲切的小尺度空间，用园林绿化与休憩设施让在这里办公的人感到舒适惬意，体现"乐"。

『借君片石意何如，
置向庭中慰索居。
每就玉山倾一酌，
兴来如对醉尚书。』

——（唐）白居易《杨六尚书留
太湖石在洛下借置庭中因
对举杯寄赠绝句》

借鉴

第五章 借鉴

——现代建筑向中国园林的借鉴

密斯建筑里的中国园林意象

20世纪的西方经典现代主义建筑中，有些与中国园林有契合之处。

密斯·凡·德·罗很多经典建筑的建筑精神被视为现代主义的基本"教义"。如果我们用另一种视角看过去，不难发现其中有一些与中国园林的建筑精神相通。

他设计的巴塞罗那博览会德国馆［图5-1］是阐释现代主义要义之一——"流动性空间"的重要作品，我们可以用新的视角来分析一下这个建筑的空间精神。

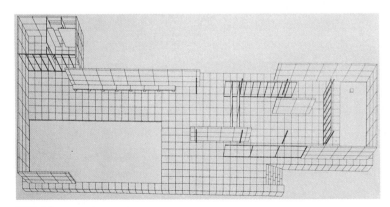

［图5-1］

巴塞罗那博览会德国馆剖透视。图片来源：维尔纳·布雷泽. 东西方的会合[M]. 苏怡，齐勇新，译. 北京：中国建筑工业出版社，2006：90.

流动性空间：正如中国古典园林的空间脉络。这座建筑打破了他那个时代传统的砖石承重结构以"房间"为基本单位组合成的各自孤立封闭的空间体系。而代之以几片直墙，将空间划分成不同的区域，创造了一种开放的、连绵不断的空间组合方式。不同的区域之间是相互联通的，这就是被人们津津乐道的密斯的"流动性空间"。

我们在中国园林里也能感受到类似的空间意象。中国园林经常用花墙、游廊来划分空间，但空间之间却是流动的，不是隔绝的。还有一些是靠山石、亭台相隔，人在其中游览，不会受到任何阻碍，可以一直通畅地游弋，这是中国园林里的流动性空间。如苏州拙政园的"与谁同坐轩"附近的空间体系，虽有各种水体、游廊、山石、亭台相隔，但人们可以在其中自由游览，仿佛在同一个空间里流动。

室内外空间的融合：正如中国古典园林的空间构成。巴塞罗那博览会德国馆的英文是Barcelona Pavilion。pavilion本身就有"亭"的意思。这个建筑的一大部分可以被认为是亭。亭，西方的现代拉丁语称为"papilio"，意为愉悦的帐篷，被描述为是独立的建筑，朝多个方向开敞，并约定俗成地被认为是与自然景观或园林相关的事物。❶

中国园林中也多用亭。中国园林的亭以多种面貌示人，通常作为空间融合的节点。亭使室内外空间融合，它介于室内空间与室外空间之间。"只有在建筑自身形式的特征中，我们才能找到'无言的建筑'的代表。无论在中国的亭子中，还是在密斯的巴塞罗那博览会德国馆中，这一点都非常清楚。这些建筑再一次向我们展示了生命与'存在于空间'之间失落已久的和谐，同样展示了外部空间的介入与自然之

❶ [M]．维尔纳·布雷泽．东西方的会合苏怡，齐勇新，译．北京：中国建筑工业出版社，2006：88．

183

间可敬的联系。"❷

虚实的平衡：正如中国古典园林的建筑与空间。亭是一种特殊的建筑形式，尽管东西方都有，但东方的亭却有更为"形而上"的意义。亭在东方的意义乃是庄子所言的"唯道集虚"，"虚者，心斋也"。

巴塞罗那博览会德国馆作为"亭"，用东方的视角看是集"虚"的容器。但它确实也是一座建筑，有一些围合起来的室内空间，有墙体、有屋顶、有院落，并且在建筑的实体部分也精心设计。如花纹非常明显的十字对称的大理石墙面、洞石墙面、精巧的屋檐、轻盈十字镀铬柱子等。所有这些，与本书前文所论述的"中国园林里兼顾空间的虚与建筑的实，使虚实之间平衡设计"相一致。这个建筑的空间与实体之间的精妙的拓扑关系也是另一种虚实之间的平衡关系。它的建筑实体与室外空间的渗透与转换自然而然。这些建筑都体现了密斯对于虚与实的哲思，从中可以体会到老子的《道德经》对他的影响。

密斯的建筑创举，首先是他思想的创举。

密斯说过："空间的本质不是由局限它的表面存在所限定的，而是由塑造它的思想原则所确定的。建筑的真正任务是让结构清楚地表达空间；真正的艺术品不是建筑而是其中的空间。"

维尔纳·布雷泽写的《东西方的会合》一书中大量论述了密斯在设计中受到的东方思想的影响，尤其是老子思想对密斯的影响。"他的作品与东方建筑在思想上和结构上的相似，不仅是'有可能'，而且是确定无疑，不言自明的。

一方面，密斯·凡·德·罗收藏了大量的中国书籍，孔子和老子的著作都在他的藏书中占有一席之地。此外，他与弗兰克·劳埃德·赖特和雨果·哈林——哈林为西方人了解东方建筑铺设了道路——之间的交往也同样产

❷ 维尔纳·布雷泽. 东西方的会合 [M]. 苏怡，齐勇新，译. 北京：中国建筑工业出版社，2006：88.

生了影响。再者，他与深谙东方智慧的专家格拉夫之间的交流，也进一步强化了这种影响。""这些建筑以及密斯·凡·德·罗的其他作品，都可以看作是老子基本思想的一种开拓性实现。"❸

他是一个思想者，关注东方思想；他是一个空间塑造者，是空间的掌控大师。

尽管我们不能确认密斯对中国园林是否有直接研究，但是由于中国园林与密斯有着共同的理念源泉——中国哲学思想，因此，这两者之间呈现出了相通之处。当然，这些相通之处是抽象的，不是具象的，有些是可意会不可言传的。在这里，我们讨论的是建筑带给人的精微的感受，它们远隔时空，却有类似之处。

除巴塞罗那博览会德国馆外，密斯设计的其他建筑也有一些与中国园林有相通之处。

捷克布尔诺图根哈特住宅［图5-2］也有密斯主张的流动性空间的设计特色。除此之外，这个住宅的表面镀铬的十字形柱，尽管建筑材料不同，但仍然能让人感受到中国园林［图5-3］里常用的柱廊比例的建筑意象。正是这些与德国馆一样的镀铬柱，使得这座建筑显得更轻盈，空间更具流动性。

伊利诺伊理工学院建筑系馆［图5-4］同样在体现着一种中国园林的流动的生气，或者可引用宗白华先生所概括的中国文艺的特征之一——"气韵生动"来形容。在这个建筑的内院中所表现出来的空间气质与苏州园林有异曲同工之处，我们不妨拿它与苏州的沧浪亭内的敞轩［图5-5］相对比。如室内外空间的互通性，室内借景室外风景，这些都带给人类似的感受。

这一今一古、一西一中之间微妙的内在一致性正是中国古典园林能和西方现代建筑共通的佐证，也是中国古典园林可以与当代建筑融合的佐证。

❸［M］．维尔纳·布雷泽．东西方的会合．苏怡，齐勇新，译．北京：中国建筑工业出版社，2006：7．

[图5-2]

左图：捷克布尔诺图根哈特住宅中表面镀铬的十字形柱。尽管建筑材料不同，但仍然能感受到中国园林的建筑意象。图片来源：维尔纳·布雷泽. 东西方的会合[M]. 苏怡，齐勇新，译. 北京：中国建筑工业出版社，2006.

[图5-3]

右图：苏州虎丘某园林中石柱础上的木柱。图片来源：维尔纳·布雷泽. 东西方的会合[M]. 苏怡，齐勇新，译. 北京：中国建筑工业出版社，2006.

[图5-4]

左图：伊利诺伊理工学院建筑系馆。体现着一种中国园林的流动的生气，在这个建筑的内院中所表现出来的空间气质与苏州园林有异曲同工之处。图片来源：维尔纳·布雷泽. 东西方的会合[M]. 苏怡，齐勇新，译. 北京：中国建筑工业出版社，2006.

[图5-5]

右图：苏州沧浪亭的敞轩。图片来源：维尔纳·布雷泽. 东西方的会合[M]. 苏怡，齐勇新，译. 北京：中国建筑工业出版社，2006.

[图5-6]

左图：范斯沃斯住宅融入自然的状态，就像是中国邑郊园林的亭。图片来源：维尔纳·布雷泽. 东西方的会合[M]. 苏怡，齐勇新，译. 北京：中国建筑工业出版社，2006.

[图5-7]

右图：杭州西湖的亭。图片来源：维尔纳·布雷泽. 东西方的会合[M]. 苏怡，齐勇新，译. 北京：中国建筑工业出版社，2006.

范斯沃斯住宅给人一种融入自然的体验。从近处观看，它就像是一座局部有玻璃的长方形亭子，在长方形的一端是虚空的前廊露台，另一端是由玻璃围合而成的室内空间。玻璃从立面上分析，也是"虚"。玻璃的虚、入口前廊空间的虚，共同构成了这个建筑的"大虚"。这个"大虚"的亭子式的建筑，吸纳着周遭的环境。从远处看［图5-6］，它呈现出完全融入自然环境的状态，就像是中国郊邑园林的亭，比如杭州西湖的亭［图5-7］。

《东西方的会合》一书中写道："由于密斯·凡·德·罗的现代建筑与中国古代建筑是那么明显地接近，因而中国古典思想非常值得我们借鉴，从而使我们自己的建筑能够继续保持'艺术般的房屋'特征。"❹

❹ 维尔纳·布雷泽. 东西方的会合[M]. 苏怡，齐勇新，译. 北京：中国建筑工业出版社，2006：88.

　　这里我们仅以密斯为例来感受一下西方现代主义大师作品中的东方神韵。建筑设计及其思想本就是不受国界与时空隔绝的。本书所对比的中国古典园林与当代建筑，本来就是只有在一个开放的建筑思想及语境中才能并列在一起加以对比的。本书所搭建的正是这样一个开放的建筑语境。

贝聿铭的几个建筑作品

　　贝聿铭，1917年出生于中国苏州狮子林贝家，为中国银行创始人贝祖怡之子。这个简短的描述中蕴涵着一个不同寻常的信息：他来自著名的中国古典园林——苏州狮子林。这种特殊的人生经历对贝聿铭先生建筑经历的影响能有多大，我们很难妄加推测，但是我们可以从他的建筑作品中读到一些中国园林的影响。

　　年轻时在哈佛读书时，他就曾与格罗皮乌斯发生过关于功能主义与建筑多样化的争论。为了证明自己的主张，他设计了设想建造在上海的上海艺术博物馆［图5-8］，引起了当时他所在建筑系的极大关注。这个设计的平面中在现代主义建筑的大框架下，反映了些许东方的韵味，甚至有些中国古典园林的影子。

　　多年之后，贝聿铭先生获得了普利兹克奖，他在接受Robert Ivy采访时，曾表达过他的建筑观点：文化重于形式。尽管他本人就是运用形式的大师，在建筑形式方面有着高超的技巧，他在这次采访中被问及关于建筑形式的思考时，他回答道："从1990年起，我就对形式失去了兴趣，建造一个独特夸张的建筑对我来说已不构成挑战。真正的挑战来自于我能从工作中学到什么。最近我对于学习各种文化产生了浓厚的兴趣。对于中国文化，因为我出生背景的缘故已有所了解。"[5]

❺ 大师系列丛书编辑部. 普利兹克建筑大师思想精粹［M］. 武汉：华中科技大学出版社，2007：281.

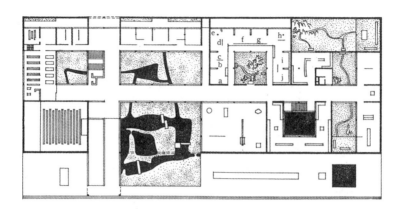

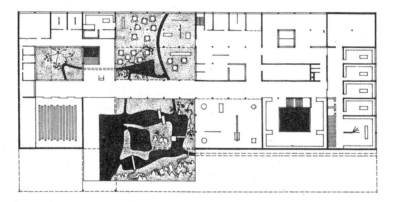

[图5-8]

贝聿铭早年在哈佛时设计的"上海艺术博物馆",有中国园林的韵味。

图片来源:王天锡. 贝聿铭[M]. 北京:中国建筑工业出版社,1990.

　　他的建筑作品中有几个有中国古典园林的影子，可以拿来作为当代建筑向中国园林借鉴的范例。

1．香山饭店

　　香山饭店建成于1982年，是贝聿铭在中国大陆的第一件建筑作品［图5-9］。这个建筑在当时引起了极大的反响，无论在国内还是在美国。已经有很多人写过与这个建筑相关的文章了，关于它的情况，似乎已经不必赘述。我仅从本书观点的视角对它重新审视一番，来看一下它与中国园林的渊源。

　　我们用本书前文所论述的当代建筑向中国园林借鉴的某些原理分析一下这个建筑。

　　手卷画式的空间序列：核心院落中心为"流华池"，水流向四周院落蔓延。在核心院落周围分布着几个大小不同、特色各异的小院落，每个小院落都可以独立成景。人们行进于这些院

［图5-9］

香山饭店。建筑与自然环境融合为一体，与中国古典园林的环境观相同。
图片来源：魏篙川摄。

落中，不可能对整个酒店的全部室外空间作一览无余的观赏，只能随着小院落的分布，一个一个院落地游览，就像是中国园林的分散式小院落。这就是典型的手卷画式空间组织与观赏方式，由多组空间画面连绵形成"手卷画"。

自由分散式的总体布局：香山饭店平面图［图5-10］简直就是一座中国古典园林的翻版。它的每部分建筑平面都承担当代的酒店客房及其公共空间的功能，但组合在一起，却符合

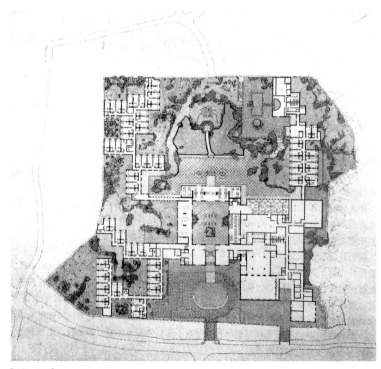

［图5-10］

香山饭店平面图。图片来源：王天锡. 贝聿铭[M]. 北京：中国建筑工业出版社，1990.

中国古典园林的自由分散式的布局模式。这个布局形散而神不散，整个园子的神魄与气脉被统领与收摄在同一个主题之下，自然布置却不失章法。这样的布局，可以让建筑有更多界面贴近自然，使各段分布的客房功能赢得更多的自然采光和通风，也赢得更多的观景条件。

有机融合的院落空间： 各个小院子之间相互关联，有的直接连通，有的透过游廊连通，有的不直接连通但气脉相通。尽管各院子的形式都不相同，但是它们之间以各种方式相互渗透，共同构成一个有机融合的整体。

虚实平衡的建筑关系： 我们把香山饭店的建筑与其外部空间用实与虚的理念来理解。它的虚实之间有无相生，互为补充，互为拓扑关系，空间的虚空与建筑的实体在迎让应带与闪躲之间让形式变得更为丰富有趣味。它的总平面布局中，其虚实的分布就像一枚印章的朱白分布。

多种感知的综合艺术： 从它建成后的被命名的景点可以看出，整个香山饭店就像中国园林，全面调动了人的眼、耳、鼻、舌、身、意多个感知途径，很关注光的作用、水的作用、风的作用，它是可调动多种感知的综合艺术品。例如，香山饭店有一个景致叫"松林杏暖"［图5-11］，这个"暖"字，超出了视觉的感知范畴，应该归为触觉。"冠云落影"一景，通过对光的效果的强调，使视觉感知更强烈［图5-12］。

师法自然的生态环境： 从香山的山路上远远望去，这座建筑在山间林木中时隐时现，和山浑然一体，就如同中国传统的郊邑园林。建筑随着山势起伏，微微的灰坡屋顶更强化了这个效果。中国园林式的布局使山林与建筑相互依存，相互咬接。贝聿铭选择控制建筑高度的决定非常正确，远远看去，这个建筑浮出山林之上的部分并不多，而且不抢眼。在园区内部，建筑与环境的一体化设计、借景（借香山之景）手法的成功运用等也体现出中国园林师法自然的生态环境观。

［图5-11］

香山饭店"松竹杏暖"。"暖"字突出了触觉的感受。除了自然风景的塑造，香山饭店还作了多处人文景致的点题，有的直接用书法题署点题。

［图5-12］

香山饭店。中国古典园林的意象。图片来源：王天锡. 贝聿铭[M]. 北京：中国建筑工业出版社，1990.

华夏美学的人文元素： 除了自然风景的塑造，香山饭店还学习中国园林，作了多处人文景致点题，有的直接用书法题署点题。香山饭店建成后还总结出了所谓"十八景"，这些景致的名字正是以人文元素来点题，它们是：流华池、清音泉、金鳞戏波、烟霞浩渺、曲水流觞、飞云石、露台观景、海棠花坞、青盘敛翠、洞天一色、柯荫庭、冠云落影、古木清风、晴云映日、松竹杏暖、云岭芙蓉、漫空碧透、高阁春绿等。看了这些景致的名字，会让人越发觉得香山饭店像一座中国古典园林了。

建筑礼乐的场所精神： 主入口的前广场及酒店进门的四季厅等都是迎宾的主要空间，布局规整，轴线感较强，这部分对整个酒店建筑而言属于"礼"的范畴。酒店内部的各部分院落区域是"乐"的范畴，具有自由的空间组合方式与自然生态的画面感。礼乐的对比与相辅相成在这个建筑中体现得很充分。

引用此经典建筑实例，正好可以印证一下本书所总结的中国园林对当代建筑的启示，同时，对这个经典建筑作一番新的解读。

2．美秀博物馆

由贝聿铭设计的美秀博物馆（地处日本滋贺县）位于两座山脊之间陡峭的山腰地带，这里是一片自然保护区。他的设计灵感来源于陶渊明的《桃花源记》。这个"世外桃源"的大立意决定了它的设计有中国传统文化的元素［图5-13］。

这座建筑就像是位于自然山体中的一座园林，它有着本书前文所述中国园林的空间序列特征：手卷画式的空间序列组织及观赏方式。这个空间规划序列，就像在大山之间用大手笔展开水平方向的空间铺陈。

序列开始于"桃花源"立意，那个隧道是序列的第一个实体空间节点。过了隧道，紧随其后的是一座架在山谷中的连

［图5-13］

美秀博物馆。贝聿铭的灵感来源于陶渊明的《桃花源记》，隧道是这个建筑的一个前奏和引子。在隧道中酝酿关于这个博物馆的情绪，直至走出隧道，豁然开朗。

桥，这个是它的第二个重要节点。过了桥，继续行进。这个长长的空间序列正如前面总结的"蜿蜒的空间序列"的规律［图5-14］。

走过蜿蜒的公路，建筑的玻璃坡屋顶在山树掩映之间逐渐浮现出它的真容。建筑门口有一个前广场，这里的空间开阔疏朗，与迎面建筑主入口的对称形式相应和，共同构成入口空间节点。这个节点具有儒家"礼"的场所精神，与其内部的"乐"的场所精神相呼应，完成礼乐精神的和谐共存。

我们只能看到博物馆的一部分，就是位于山体以上的部分，博物馆建筑物的80%深埋于地下，因此很难感觉到建筑物

[图5-14]
美秀博物馆。通过一个个节点：接待处、隧道、连桥、前广场等，这是一个长长的蜿蜒曲折的空间序列，正如前文总结的园林启示。图片来源：该博物馆游览宣传页。

的实际体量。该建筑物看上去就像是一系列散落在地面上的四坡顶天窗,而建筑周围的美丽景色未受任何干扰。这种建筑对环境的尊重仍然让人联想到中国园林。

尽管这个建筑的主要立面形象来自于日本江户时代民居,但室内外均有来自中国古典园林的灵感。

我们似乎能从中读到王维的诗意,"反影入深林","明月松间照","行到水穷处,坐看云起时"。王维本来就是"诗禅",而日本传统建筑的"禅"的意境也颇浓。这就难免让人想到王维和他的"辋川别业",也就再次回到中国古典园林的意境。

进入美秀博物馆门厅[图5-15],空间开阔,向大门对面看去,透过落地玻璃就看到掩映的松树,多么熟悉的中国园林氛

[图5-15]

美秀博物馆。通过入口对面的落地玻璃,把人的视线引向大山的远处。同时,大山也成为建筑门厅的借景,正是《园冶》中所说的"巧于因借"。

[图5-16]

美秀博物馆。门厅向左、向右各有通透的玻璃游廊，引人入胜。行进于游廊中，游廊的室内空间与其外部的山体林木融为一体。

围。这组松树把人的视线引向大山的远处，同时，大山也成为建筑门厅的借景，正是《园冶》中所说的"巧于因借"。

门厅向左、向右各有通透的玻璃游廊［图5-16］，引人入胜。行进于游廊中，游廊的室内空间与其外部的山体林木融为一体。游廊是继门厅之后的又一个空间节点。

左侧游廊的尽端是一处通高三层的侧厅，室内的多层次空间与室外的风景在此对话。

右侧游廊的中段，路过一处由山体覆盖屋顶的方形内院［图5-17］，院内设计有简洁的由山石与草木组成的小景。这里就像是前文所述的中国园林中由游廊构成的小院子。

[图5-17]

美秀博物馆。游廊的中段有一处方形内院，其周围的建筑屋顶被山体所覆盖。院内设计有简洁的由山石与草木组成的小景。这里就像是前文所述的中国园林中由游廊构成的小院子。

　　游廊在这里作为空间序列的线索，把其他一系列室内空间节点全部串联在一起。比如，一段直游廊与下沉式挑空内庭相结合。

　　这里的空间序列组织，是把建筑外部空间（隧道、连桥、广场等）与内部空间（门厅、游廊、侧厅、内院等）统筹考虑、一体设计的，展现出贝聿铭先生高超娴熟的空间组织力。

　　这个空间序列一方面引借了中国园林的组织理念，另一方面也全然符合现代主义建筑的延续。我们从中可以体会到从中国园林到当代建筑的精神传承。

3．北京中国银行总部大楼

贝聿铭曾经设计过香港的中银大厦，后来他又设计了位于北京的中国银行总部大楼。这座建筑从外观来看并不能看出中国古典园林的端倪，然而走入其室内，豁然开朗且雍容大度的中庭却可以马上唤醒我们对中国园林的印象。甚至可以说，它的中庭就是一个现代的室内版中国园林。在这里有迎面而来的"开门见山"的假山、池水，室内不同的地面高差仿佛是园林中的高低腾挪的山路。竹林掩映，室外的光环镜由玻璃顶棚及幕墙引入室内。首层墙壁上有园林里常有的圆形"月亮门"。

这个项目在处理地段时可能遇到了用地局促的问题，但是贝聿铭仍然在建筑的室内创造了一处充分发挥设计师创造性的天地。

首先，从它的首层平面图来看，不太分辨得出室内与室外的界限。南立面、东立面主入口空间后退反馈在平面上，显示出一个谦逊的灰空间，从平面图上会误以为那里也是室内空间，这样的做法使得室内空间范围扩大了。这体现了贝聿铭在设计过程中对室内空间和室外空间的相互渗透关系的理解。

其次，这个首层平面图看上去像是一个中国园林的总平面图。我们能看到主厅空间与副厅空间之间的连廊、主厅的室内造景方式等，都是中国园林式的建筑语言。看过这个建筑的首层平面图，我们可以更清楚地把握它的文化基调，它太像一座中国园林了，从建筑与内庭的虚实关系来看、从建筑与园艺的关系来看、从平面的构图关系来看［图5-18］，无不如此。

所有这些中国古典园林元素的引用使总部大楼的室内环境带有了中国传统文化的底蕴与基调，这正符合该项目业主的心理需求。不同于通行于世界的现代主义风格的各国大银行，北京的这个中国银行总部显然更具有可识别性，也更具有鲜明的"地域性"特征。走入中庭，我们可以确认这里是中国的银行，而不是其他国家的［图5-19］。

中国古典园林随"地域性"而进入当代建筑的语境，可以

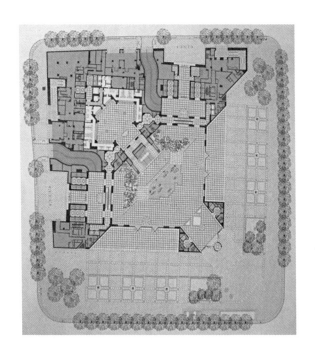

北京中国银行总部大楼，首层平面图。看上去像是一个中国园林的总平面图。

［图5-19］

北京中国银行总部大楼中庭。

起到强化建筑的可识别性的作用，而且这种可识别性是通过与本土文化联姻而产生的，比起不顾地区与文化一味通过"高、大、怪"来实现的所谓"标志性"与可识别性更有文化上的意义。

4．苏州博物馆新馆

苏州博物馆新馆是贝聿铭较为近期的建筑作品，2006年10月开馆。馆址位于苏州古城的历史街区中心，毗邻拙政园和忠王府，有着不可多得的优越的地理位置［图5-20］。苏州博物馆新馆是贝聿铭把中国园林引入现代建筑语境的一次成功尝试。同时，由于项目的特殊性，它也是中国古典园林可以给予当代建筑借鉴的最直接的实例。

整个博物馆就是以一种中国古典园林的总体布局形式铺陈

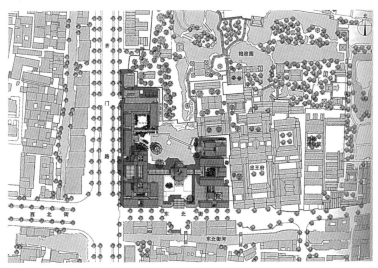

［图5-20］

苏州博物馆新馆总平面图。图片来源：范雪. 苏州博物馆新馆[J]. 建筑学报，2007（2）.

开来的，从它的总平面图上来看，它具有极为明显的园林特征。然而它却又是一座设施十分现代、材料十分现代的可以满足苏州当今城市使用需求的优秀的博物馆。这一古一今在这里没有丝毫的隔阂，是那么顺畅，一气呵成。

"庭院设计采用了极简的设计手法，仅用少量的元素反映出传统园林的精神，并巧妙处理了与拙政园的关系。设计以水面为主，水景始于北墙西北角，仿佛由拙政园引水而来。一座折线形石板紧贴水面，横跨东西两岸。庭院中最重要的景观是以拙政园的白墙为背景放置的一组石假山。"❻ 水面处理源于古典园林借景的做法、折线石板桥源于古典园林常用的折线形的桥、石假山源于古典园林的山水画境［图5-21］。通过小窗，室内外互相借景，与苏州古典园林的处理手法相通［图5-22］。

从整体外观而言，其主体建筑檐口高度控制在6米以下，局部二层位于中西部（距受保护的拙政园和忠王府较远）。整体采用分散式布局，建筑一如中国传统建筑沿水流铺陈开来，舒展而亲切［图5-23］。

在当代建筑的大环境下，能有这样一次有意义的向中国园林的借鉴是极为难能可贵的。

贝聿铭说："志于道，据于德；依于仁，游于艺。我是不赶时髦的。"苏州博物馆新馆强调两个特点：一是"中而新、苏而新"；二是"不高不大不突出"。在时下的建筑大环境中，风行"高大丑怪"的建筑"时尚"背景下，有这样的建筑原则无疑是令人钦佩的。❼

贝聿铭先生在中国落成的几个建筑，都不约而同地有向中国园林借鉴的地方，每个建筑的具体设计手法不同，均历久弥新，格调高远。

❼ 摘自：江胜信．让人们诗意般、画意般栖居——吴良镛谈贝聿铭及『人居环境』营造[N]．2006-10-13'：008'．

❻ 摘自：范雪．苏州博物馆新馆[J]．建筑学报，2007（2）．

［图5-21］

　　苏州博物馆新馆庭院场景。图片来源：范雪. 苏州博物馆新馆[J]. 建筑学报，2007（2）.

［图5-22］

　　苏州博物馆新馆。通过小窗，室内外互相借景，与苏州古典园林的处理手法相通。

[图5-23]
　　苏州博物馆新馆竹林小径。图片来源：范雪. 苏州博物馆新馆[J].
建筑学报，2007（2）.

冯纪忠方塔园"何陋轩"

冯纪忠设计的上海松江方塔园"何陋轩",已经被很多研究中国园林在当代应用的建筑师们奉为圭臬［图5-24、图5-25］。

这个建筑其实很符合"批判的地域主义"的设计态度。

冯纪忠自己评论这个设计的总体态度是:"与古为新"。"为"是"成为",不是"为了",为了新是不对的,它是很自然的,它是与古为新。"与古"前面还有个主词,主词是"今",即"今"与"古"为"新",也就是说,今的东西可以和古的东西在一起,成为新的。❽

这个亭子的大檐子,延续了中国园林亭子的"虚"的核心意象。从亭子内往外看,人的视线被压得很低,人的活动范围的聚拢感很强。冯纪忠自己解释檐子压低的初衷:"本来南望对岸树木过于稀疏,所以有意压低厅的南檐,把视线下引。"这种以游人视觉感受为设计出发点,也是中国园林的手法。❾

从水面对岸看过去,亭子与水面的关系、亭子台基与水面的关系,都是传统的处理手法。

在建造材料与构造方面,它是融合古今两种方法的合璧之作。亭子的屋顶形式取自松江至嘉兴一代的民居的庑殿形式。亭子顶使用传统的茅草材料覆盖。亭子的支撑结构却已经找不到传统亭子的痕迹

❾ 摘自:冯纪忠. 何漏轩答客问［J］. 时代建筑, 1988(3).

❽ 冯纪忠. 与古为新——谈方塔园规划及何陋轩设计［J］. 华中建筑, 2010(3).

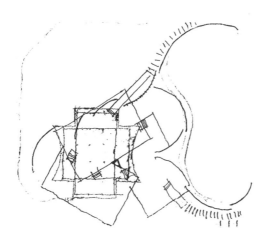

［图5-24］
何漏轩平面草图。
图片来源：冯纪忠.
方塔园规划[J]. 世
界建筑导报，2008
（3）.

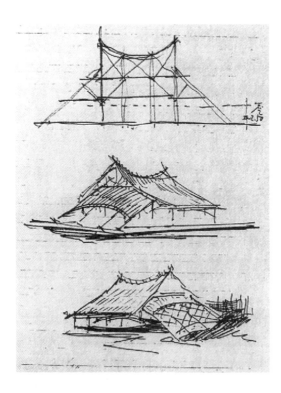

［图5-25］
何漏轩立面剖面草
图。图片来源：徐
文力. 回归原始棚
屋——何 漏 轩 原
型略考[J]. 建筑学
报，2018（5）.

了。用竹子作为柱子材料，轻盈，竹子之间的连接却使用钢的连接件套接在一起。其构造方式与结构方式都是当下的方式。❿尤其是竹子与地面的连接更是用了当下的构造方式与设计思路［图5-26］。

关于这个亭子的话题可以有很多，关于建筑材料的、关于建构的、关于民族形式的、关于环境的，等等。也已经有很多论文以"何陋轩"为题目，对它进行了充分的论述。

我对它的关注也有很多层面，最关注的是：它是关于中国园林在现代建筑语境中的一次经典发声。

它的建筑形象颇具传统韵味［图5-27］，但是我们看它的平面图，却能从中感到文丘里所说的现代建筑的复杂性与矛盾性［图5-28］。三层台基依地形进行三次扭转，与穿插其中的弧墙相结合，充分体现了现代性的自由精神，像是一个解构主义的建筑平面。

我们能感知到中国园林在这个小建筑中的精神传承，却不见古代建筑符号的直接应用、古代建构方式的具体照搬。我们走进它，能感到扑面而来的中国文化气息，但是它的具体形式却被当代过滤了。

这个亭子，能小中见大。

❿ 王凯．当『建造』开始被言说：方塔园何陋轩与『建构』话语的回响［J］．建筑师，2022（4）：70-78．

[图5-26]

何漏轩内景照片。图片来源：冯纪忠. 何漏轩答客问[J]. 时代建筑，1988（3）.

［图5-27］

何漏轩外景照片。图片来源：冯纪忠. 何漏轩答客问[J]. 时代建筑，
1988（3）.

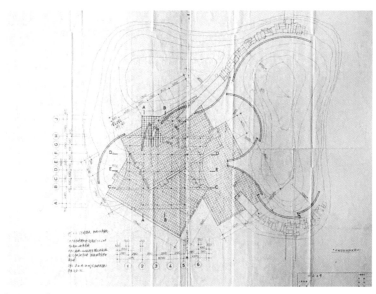

［图5-28］

何漏轩平面图。图片来源：《久违的现代》，同济大学出版社。

应用

『大道无关键，

人人悉可窥。

超然明日用，

了不碍云为。』

——（宋）郭印《既为谊

夫赋坟庐诗乃蒙和韵再线

十首为谢兼简》

第六章　应用

——中国园林面向当代与未来的应用

王澍：中国美术学院『水岸山居』

初见这座建筑的面貌，会被它的连绵屋顶的宏大叙事方式所吸引。仅从其形式来看，或者从它的规模来看，都不容易联想到中国园林。但参观游走一遍之后，就会发现这座建筑的园林意象已经渗透到了它的骨子里［图6-1］。

建筑点题。

园林本身的取名点题，乃至园林内景致的点题都很重要，正如中国画的命名点题一样。王澍在做这个方案时，曾把这个建筑命名为"瓦山"❶，命名点题是伴随着方案创作构思一起进行的。最后这个建筑定名为"水岸山居"。取名点题即是给这个建筑创作过程破题，这种方式源于中国园林造园中人文元素的应用。

手卷观览。

这个连绵不绝的大屋顶覆盖下的长长的立面，不可能一眼就尽收眼底，只能一段一段地欣赏，每段都有它独特的意趣，这正是中国园林常用的手卷画式的欣赏方式［图6-2］。

蜿蜒曲折。

王澍把这个长达130米的瓦屋面形象地命名为"瓦山"。在屋顶的"瓦山"上，随着坡屋顶高低起伏，蜿蜒曲折地设计了一系列廊子。在廊子中行走如同在山中的园林里游走，很有趣味［图6-3］。

❶ 王澍. 造房子［M］. 长沙：湖南美术出版社，2016.

［图6-1］
"水岸山居"。中国园林式的框景效果，借景于建筑之外。

[图6-2]
"水岸山居"连绵不绝的大屋顶覆盖下的长长的立面，
正适合采用中国园林常用的手卷画式的欣赏方式。

[图6-3]
"水岸山居"的屋顶"瓦山"。在屋顶廊子中行走如同
在山中的园林里游走，很有趣味。

216

[图6-4]

　　"水岸山居" 具有园林意趣的水面。

复杂统一。

　　这个建筑的设计手法之多，形式类型之复杂，在平常的建筑中是难以见到的。仅它的走廊的栏杆就有很多类型，有金属栏杆、有竹子栏杆，等等。这座建筑的复杂性与矛盾性，在中国园林的意象笼罩之下，被统一在了整体之中［图6-4］。

王澍：中国美术学院象山校区

这个建筑被王澍本人都称为是建筑实践中难得的乌托邦一样的作品。这样一个大体量、大规模的建筑群落居然能用这样的理念"爆棚"、手法众多的方式设计出来，真是个奇迹。这种设计机会是难以复制的，可能只能发生在中国美术学院这样的艺术院校。

园林的理念与意象渗透在这个建筑群体的许多地方。

邑郊园林。

整组建筑群就像是一个古代的邑郊园林，如杭州的西湖、北京的颐和园，众多建筑散落在自然环境之中，以中国古代"一半湖山一半城"的模式来组织。在这里，自然的因素如地形、水面、树木，与人为的因素如建筑混杂在一起，不分彼此。这正是中国园林师法自然的生态观的再现。

"翳然林水"。

尽管这些建筑体量都很大，超出了中国古代传统建筑与园林的尺度，但这不妨碍在众多树木掩映之下，在湖水的倒映中，我们能感受到中国园林的"翳然林水"的意象。实际上，王澍也正是用这样的设计方式，把当代建筑难以避免的巨大的建筑体量给化解了［图6-5］。

[图6-5]
中国美术学院象山校区的中国园林式的"翳然林水"意象。整组建筑群就像是一个古代的邑郊园林。

蜿蜒曲折。

在围合的教学楼的院落中，跨越不同楼层的空中"游廊""附着"在立面上［图6-6］。这种趣味性在中国园林里经常看到，正如前文引用的苏州园林里的游廊，高低起伏，蜿蜒曲折。游廊形式的复杂性远超出其功能需求，是为了满足人的心理体验的复杂性与矛盾性的需求。在这个游廊里游走的人可能不是为了交通，正如在中国园林的游廊里游走一样，是为了人的心理需求，也许只是为了聊个天，也许只是为了走一走。

传统材料。

在建筑材料方面，王澍的设计理念是既要用当代的钢筋混凝土的通用建造方法，也要对传统材料再利用。某些建筑的外墙用了在当地回收的旧建筑的砖瓦，使老旧建筑材料实现了再利用，让它们再次焕发了生机［图6-7］。这些老旧的建筑材料伴随着当地人文历史的记忆而存在，这也是地域文化在建筑上传承的一种方式。这种旧建筑立面材料的"拼贴式"利用几乎成了王澍的建筑立面的"专利"，或者说是他的标志性的应用。

219

[图6-6]

中国美术学院象山校区的空中"游廊""附着"在立面上。这种趣味性在中国园林里经常看到。

[图6-7]

中国美术学院象山校区老旧建筑材料的再利用,使它们再次焕发了生机。这些老旧的建筑材料伴随着当地人文历史的记忆而存在,这也是地域文化在建筑上传承的一种方式。

——

李兴钢：北京兴涛展示接待中心

——

园林关联。

"园林的关联性思考在当代建筑设计中的尝试与运用"，是李兴钢对他的这个建筑设计的总结。以这个建筑为起点，他开始在设计实践中引入以"园林"为线索的当代设计方法。❷

先知先行。

北京兴涛展示接待中心是李兴钢早年的设计作品［图6-8］。尽管规模不大，但是观其设计与建造时间及其当时的影响，确实令人称赞。

那个年代，正是我国房地产开发蓬勃起步与发展的时代。多数的中国建筑师都在追逐住宅小区类型设计的规模效应红利。在那个时期，能沉下来，自觉地基于中国园林的设计理念，并用当代的设计手法将其建造完成，实属不易。

"墙"的因借。

李兴钢每次在谈到这个建筑设计时，都要提到对中国古典园林的理念的运用。对于园林中的"墙"的理解，使他在设计中突破了当时通行的设计方式，从而在建筑形式上获得了更多的自由［图6-9］。这样的形式历久弥新，在近些年（经过了十几年后）更加令人瞩目。

"在中国古典园林中，由于连续的墙体所特有的导向性，而使身处其中的人不由自主地产生一探究竟的欲望，由此在人的运动中发生丰富的空

❷
［J］．李兴钢：北京兴涛展示接待中心［J］．建筑创作，2005（6）．

［图6-8］
北京兴涛展示接待中心。园林的关联性思考在当代建筑设计中的尝试与运用。图片来源：李兴钢提供。

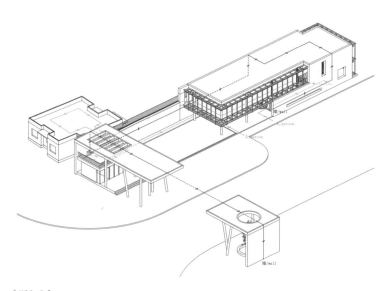

［图6-9］
北京兴涛展示接待中心，运动的墙，灵感来自中国园林。图片来源：李兴钢提供。

间体验，使中国园林成了真正的四维建筑。"❸

　　这是李兴钢关于中国园林在当代建筑设计中的借鉴应用的一次尝试，为其后多年，他在建筑设计实践中园林理念的日渐成熟奠定了基础。

❸ 运动的墙板·运动的人——北京兴涛展示接待中心 [J]. 建筑学报，2002（8）：44-46.

李兴钢：
绩溪博物馆

"胜景几何"。

李兴钢把他的工作室的主要理念方向定义为："胜景几何"。这个实践立意与中国园林的理念密不可分。

"胜景几何"理念的第一个词"胜景"，表达出他对自然元素在建筑设计中的重视，其核心主旨是希望自然成为建筑本体的重要元素之一。"几何"对应建筑中的人工部分。"几何"被排在"胜景"之后。这个词表达了他在建筑设计中的一个"平衡"的观点：人工与自然、秩序与自由、礼与乐的相互平衡与结合[图6-10]。

"胜景几何"这个词，在汉语中还可以产生更有趣的关联意思。"几何"在古文中是个疑问词，有"怎样""如何"的意思。

[图6-10]

绩溪博物馆模型。图片来源：李兴钢提供。

[图6-11]

　　绩溪博物馆庭院。设计中尽量多地保留了基地内的树木，并以保留下来的
树木为中心展开他的庭园设计。这个理念与中国园林的造园理念一脉相
承。图片来源：李兴钢提供。

[图6-12]

绩溪博物馆庭院。利用"借景"的设计方法，把项目用地周围的远山借到设计内。图片来源：李兴钢提供。

我们耳熟能详的句子是"人生几何，对酒当歌"。以这个意思来理解，这也许是李兴钢本人对于建筑设计理念的反问与自问。

"留树作庭"。

设计绩溪博物馆项目时，他很重视基地内现存的树木［图6-11］，尽量多地予以保留，并以保留下来的树木为中心展开他的庭园设计。他对建筑设计与庭园设计同等重视。这个理念与中国园林的造园理念一脉相承。❹

"巧于因借"。

在这个项目中，李兴钢充分发挥了中国园林"借景"的设计方法，把项目用地周围的远山借到设计内，并且用坡屋顶的形式与所借景的远山进行了互动，"折顶拟山"，为建筑的形式语言找到了独特的来源，也为这个建筑创造了识别性较强的外在形式［图6-12］。

❹ 李兴钢，张音玄，张哲，等. 留树作庭 随遇而安折顶拟山会心不远——记绩溪博物馆［J］. 建筑学报，2014（2）：40-45.

周恺：天津大学冯骥才文学艺术研究院

内外有别。

在这个建筑设计中，周恺用通透的高墙，围拢了这个项目的全部用地，使这里内外有别［图6-13］。天津大学的校园规划与建筑基调是理性的格局，轴线明确，体现出这所高校严谨的理工科底蕴，周恺通过这座高墙，使这个小院落内部多了更多的人文与浪漫的氛围。围合的高墙使得内部场所精神的塑造有了基本条件，也为中国园林意境的塑造创造了条件。❺

别有洞天。

在高墙以内，建筑师塑造了一个别有洞天的小环境：一座东西向略有倾斜的建筑体块"飘"在二层以上的空中，一个南北向略有倾斜的水池控制地面的庭院主基调。这个别有洞天的内环境有中国园林的意境［图6-14］。

环水游走。

在这个并不算大的庭院里，水面控制了地面的大局，围绕着水面组织人的游走路线。水面上有一座玻璃亭子，是一处小小的水面会客厅，亭子内摆放着圈椅。亭子成为庭院的一处视觉焦点，同时给庭院空间点缀了一个通透的

❺ 周恺，魏刚，任翔．天津大学冯骥才文学艺术研究院［J］．城市环境设计，2021（2）：84-99．

[图6-13]
天津大学冯骥才文学艺术研究院。用通透的高墙，围拢了这个项目的全部用地，使这里内外有别。图片来源：周恺提供。

[图6-14]
天津大学冯骥才文学艺术研究院。这个别有洞天的内环境有中国园林的意境。图片来源：周恺提供。

建筑体。园林式的游走路线使空间的趣味性增强，也使空间感变大了。

园林意境。

在绕着水面游走时，脚下的铺地材料是中国园林式的青砖与立瓦，偶尔有太湖石散落在绿地里，这些传统的地面材料的质感和颜色与建筑墙面的混凝土本色很统一［图6-15］。横亘东西"飘"在二层之上的建筑体压低了这个院落的视觉空间，使空间更接近人的尺度，也把水面从意象上分成了南北两个区域。水面是用当代设计方式做的浅池，南侧的池水里放置着盆栽荷花。这些中国园林意境的塑造，正好紧扣了这个建筑的主题：冯骥才文学艺术研究院，用中国传统的空间精神塑造了人文艺术环境，很恰当。

［图6-15］
天津大学冯骥才文学艺术研究院。材料使用中国园林式的青砖与立瓦，偶尔有太湖石散落在绿地里。图片来源：周恺提供。

章明：
范曾艺术馆

步移景异。

仅从外观看，这个建筑是集中式的，如果从它的空间构成来分析，这个建筑是把园林式"步移景异"的观览方式整合到了集中的建筑空间里了。走在建筑空间中，用的却是中国园林中手卷画式的观览方式［图6-15］。

章明的设计注重中国园林式的散点透视的设计方法的运用。通过连廊、连桥和水景，将一个个空间串联起来，实现如同中国园林空间特征的"步移景异"。❻

借景对景。

建筑空间层次的丰富性，给建筑中借景与对景的运用创造了条件。章明在这个设计里提出："行走路径和视觉路径的分离与叠合"是借景、对景产生的根本原因［图6-16］。

诗意"院境"。

从对中国园林与院落的研究出发，章明提出了"院境"的概念。包含三个层面的认识：

其一，传统的诗学体悟。

它包含三个方面：一是"整体观"，以"院"为单位，进行空间的组合和延伸。二是"体悟观"，中国哲学重视感悟与体验，意境是体悟的最高境界。三是"平衡观"，"群体比单体更重要"，要注意单体之间的位置关系。

其二，场所的诗学解读。

❻ 章明，张姿，李雪峰，等. 范曾艺术馆［J］. 建筑学报，2014（12）：24-30.

［图6-15］范曾艺术馆剖透视图。这个建筑是把园林式"步移景异"的观览方式塞到了集中的建筑空间里了。图片来源：章明提供。

［图6-16］范曾艺术馆。"行走路径和视觉路径的分离与叠合"是借景、对景产生的根本原因。图片来源：章明提供。

　　诗人总是热衷于描绘可能发生的景象，而建筑师，也应该像诗人那样，挖掘场所中的诗意，实现场所中的多种可能。对于建筑师来说，建筑并非只是一栋栋房子，"建筑作为一种关系而存在"。［图6-17］

　　其三，设计态度的诗学表达。

　　章明以这个建筑为契机，表达了他对建筑设计的态度，要做"有态度的建筑师"。在建筑创作中，含蓄和内敛的同时，可以带一点点"矫情"，让设计更有趣味，也更有人情味。

［图6-17］
　　范曾艺术馆。对于建筑师来说，建筑并非只是一栋栋房子，"建筑作为一种关系而存在"。图片来源：章明提供。

章
明
：
光
明
花
博
邨
东
风
会
客
厅
会
议
中
心

融于环境。

不同于常见的会议中心建筑类型，章明的这个设计，主动放弃了会议中心的仪式性的表达，甚至放弃了"主立面"的存在［图6-18］。建筑朝向各个方向的坡屋顶都压得很低，坡向它所依托存在的环境水面。屋面的青灰色更强化了与水的融合。压得这么低的大屋檐，是不是让我们联想到本书前文提到的冯纪忠先生设计的"何漏轩"？

这种谦逊的姿态，是会议中心建筑类型里少有的表达态度。这是一个四面八方的建筑，我们找不到它的正南、正北立面，这正是融合于自然的状态，正如我们走在中国园林里不借助指北针就难以精确地辨别方向一样。建筑更好地融合于自然环境之中，并且与自然环境实现了更为通畅的对话与互动。

看与被看。

从外面看这个建筑，我们甚至都找不到立"面"。它的外观是一个对外呈现楔形的正反坡共同构成的"轮盘"。这使它的视觉边界不拥堵，与远方的自然背景"咬接"在一起，而不是对立的。

从建筑里向外看，坡顶把视线压得很低。正如冯纪忠先生的"何陋轩"的大檐子，坡顶很低，空间聚拢感很强［图6-19］。

[图6-18]

光明花博邨东风会客厅会议中心。该设计主动放弃了会议中心的仪式性的表达，甚至放弃了"主立面"的存在，使这个建筑更好地融合于自然环境之中。图片来源：章明提供。

[图6-19]
光明花博邨东风会客厅会议中心。坡顶把视线压得很低，正如冯纪忠先生的"何陋轩"的大檐子，空间聚拢感很强。图片来源：章明提供。

这个建筑产生的框景效果，把人的视野限定为水平向舒展。这是宽阔的原野的观赏方式［图6-20］。在这个框景里，人们看到水面与林木，让久居城市的心灵静下来。这个建筑的多边形式，使人在其中向外看的角度有很多个。

这个建筑的看与被看，也是在表达与环境的融合关系。

"游目观想"。

在看与被看的趣味中，这个建筑就像园林那样有多个观赏的游走路线，这使得它可观可游。章明提倡"游目观想"的理念，这是个很有中国园林韵味的建筑观点。在这个建筑里，不仅有多种游走路线，使人在行进中有丰富视觉的体验，在游目的同时，还可以在这里观想，使人若有所思。

［图6-20］

光明花博邨东风会客厅会议中心。这个建筑产生的框景效果，把人的视野限定为水平向舒展。这是宽阔的原野的观赏方式。在这个框景里，人们看到水面与林木，让久居城市的心灵静下来。图片来源：章明提供。

董豫赣：北京红砖美术馆

人们对红砖美术馆的印象大多集中于它的"红砖"，"红砖"点了这个建筑的题。但它的内容却远不止于此，在这个建筑的北部，"藏"着一个具有中国园林意趣的庭院。

"城市山林"。

董豫赣把建筑与造园设计理解为建造城市中的山林意趣。❼这也是他对中国园林的理解。本书前文也有相关叙述，中国园林是古代文人在城市中建造的精神家园。在园林中拟建山林意象，从而不必隐于山林之中；它是城市山林。在红砖美术馆的空间设计与北部园林设计中，他就是在实践他的这个理念［图6-21］。

相地造园。

在其北部园林的设计中，他借鉴了《园冶》中的造园方法，首先体现在这个庭院的格局布置上。先造南高北低的地势，南部挖池，北部堆山。北山造一处"槐谷庭"，作为庭院的核心景致，围绕它，在北部设置登高远望的建筑。望远山，也就是借远山之景，从而实现了庭院的借景。

园林意趣。

庭院中的那座石桥很打眼，由十七根水泥管架起来，这是他在自己的设计中向颐和园的十七孔桥致敬，保留它的意象，但转换成了当代的材料［图6-22］。其他的园林手法或趣味也

❼ 董豫赣：随形制器——北京红砖美术馆设计［J］．建筑学报，2013（2）：50-51，44-49．

［图6-21］
红砖美术馆的庭院，建造城市中的山林意趣。图片来源：董豫赣. 随形制器——北京红砖美术馆设计[J]. 建筑学报，2013（2）：50-51，44-49.

［图6-22］
红砖美术馆的庭院，中国园林意趣。图片来源：董豫赣. 随形制器——北京红砖美术馆设计[J]. 建筑学报，2013（2）：50-51，44-49.

随处可见：有几个太湖石散落在院子里，墙体的门洞在框景的同时也在形成空间的流动性，曲径通幽的石块汀步，角落空间种植一棵小树来增加空间静谧的氛围，等等。这些复杂的空间兜兜转转，把这里的空间感觉放大了，可以游走很长时间也不觉得枯燥。

董豫赣："一亩园"溪山庭

"别墅是极其贫乏的住法。"董豫赣这样认为,别墅是把房子都挤在一起来建。

以园林的视角来看,还真是这样。别墅是来自西方的居住模式,西方古代的建筑设计理念就是把建筑当成雕塑一样,把功能集中在一起布置。而在中国古代,人们最爱住的还是园林,人们愿意住在有庭有园的房子里,房子与园林相辅相成。董豫赣设计的溪山庭正是基于这种中国式造园的设计理念。

山水之间。

这个建筑的选址有其造园的天然优势,溪山庭位于南北两个池塘之间——有活水源头。在建筑里堆山造园,有了山的意象。在建筑里引水,水不仅流经建筑,还倒映在一个倾斜的大玻璃墙面上。水处处流动,流动在池塘里,在屋面上,也在庭院与山体间。滴答的水声让空间更加静谧,让人感觉在峡谷山洞里。

高低游走。

在这个并不算高大的建筑里,创造了高低俯仰的多个活动界面。人们可以在其间上下游走,不会被拘束在地面。瓦屋面的屋顶上有个活动平台,可以登高一望,这里还顺势设了个小吧台。人可以穿行其间。地下有采光的小院。

触摸自然。

造了这样"一亩园",建筑与自然的关系就由常见的分离式变成了相互交融的关系，你中有我，我中有你。从每个房间的窗洞可以直接感受到自然，不仅仅是视觉的自然，还有声觉、触觉、嗅觉，等等。在建筑室内看到窗外的林木、水面，推开门，就走到了自然中，就能触摸到它们。流动的水声、滴答的落水声，都是自然对人的提醒。

造园点题。

中国园林的点题、破题，在这里也都有体现。按照住宅来看，这个建筑其实就是个"三室两厅"，通过建筑师一番造园设计后，换成了园林的模样。建筑师还给这个住宅的各个主要房间和空间都起了名、点了题。客厅，得名"斜水阁"，可以看到山倾斜的姿态，房子本身也是斜的，水的瀑布也是斜下来的。餐厅，得名"横山堂"，可以看雨和山。主卧，得名"竹里"，一定是能看到竹子，当然还能让我们联想到王维的《竹里馆》诗句。朝西的次卧，得名"溪舍"，因为它西向临溪。儿童卧室，得名"山间"，因正对着山。

『一曲新词酒一杯，
去年天气旧亭台。
夕阳西下几时回？
无可奈何花落去，
似曾相识燕归来。
小园香径独徘徊。』

——（宋）晏殊《浣溪沙·一曲
新词酒一杯》

园意

第七章　园意

——中国园林的精神传承

　　中国园林是华夏文化物化于建筑空间、形而下于人的活动场所的经典载体。它影响了一代代中国人的审美心态。

　　至今我还记得杨昌鸣先生在"中国古典园林分析"课上讲解的:"它是一种审美心态。美的觉醒和自觉首先反映在心态上。它不是物质的需要,而是精神的安顿,是建造精神家园。怀着一颗平和、虚静之心,欣然、悠然,园人合一,身内的精神与身外的园林融为一体。它虽独立于园主之外,却潜藏于身内。它不是家藏的暴露,而是情怀所寄托的存在。"

　　它是一种审美心态,甚至可以是一种思维方式,影响建筑师对于设计的思考,甚至影响对生活的思维方式。

　　它确实是一种思维方式。

　　思维方式是渗透于生活与工作中的东西,让人不觉其存在,就像空气一样。我们觉察不出它的存在,实际上却处处在影响着我们。我只能以我自己的切身感受为例来说明。因为审美心态和思维方式是属于自己的感受。

　　描述一下我自己的生活场景片段。当我在家,处于身心放松的状态中,溜达,从门厅走到餐厅,迎面的水墨画就是对景,敝帚自珍的兰草拙作,我知道画它时的心境,"会心处不在远"。走进客厅,我的几个兰草盆栽、桌面太湖石会不经意间吸引我的注意力,小猫穿行于几盆兰草菖蒲之间,把空间弄得有了灵性,"翳然林水,便自有濠濮间想"。穿过客厅走到南阳台,一棵并不算大的盆栽竹子点题了——"何可一日无此君"?

竹子的梢间新叶，自然穿插搭配，瞬间令目光只聚焦于此，使阳台外的车马喧嚣瞬间模糊消失，退到天边，"心远地自偏"。竹子不是什么名品，它在我的阳台却胜过文同、板桥的墨竹。桌上的兰草不过只是常见春兰品种：宋梅、汪字，菖蒲是网购的，状态挺好。花养好了，人的状态就好了，这还是卖兰花的店家说给我听的，很对。书桌上常会有几本字帖，永远临不够的王羲之的《乐毅论》，王献之的《洛神赋十三行》。听李祥霆的即兴古琴曲《宋人词意》，梅曰强、成功亮的《广陵琴韵》，是临帖绝配。

在这个不大的空间里，我以中国园林的思维方式与审美心态，拓展了自己的心相的天地，行走在居室的这几步就像游弋于山川林水之间。

凡此种种，都是不必花钱的消遣，"饭疏食饮水，曲肱而枕之，乐亦在其中"；是不必出门的乐子，"闭门即深山"，哪有必要非要去山里寻仙？所受都是中国园林的熏习。"芥子纳须弥"，在方寸之间找到丰富的天地灵气，正是中国园林的意象。

我描述的这个生活片段，并非是在渲染生活的美好，而是在说明，生活的感受来源于我们的思维方式，我们的心相。这种思维方式与审美心态，是受中国园林影响而熔炼出来的，无关价值、无关风雅，只关乎自身感受。以我自己为例，是因为只有自己才能知道自己的感受，别人不能替代一丝一毫。

明代文震亨写的《长物志》一书，就是在记述对园林的玩赏，实际上写的就是怎样艺术地生活和什么是生活中的艺术，这两者似乎是事物的一体两面。

所能感受到的才是生活。

设计即生活，生活即设计。

有了这样的思维方式、审美心态，乃至生活状态，建筑师在做设计时会把这个心相自然用到设计中去。因此才会出现本书前面章节中不断赘述的我的拙作，我所描述的每个设计都是我对该项目的理解及解决方式。

对建筑项目的需求进行分析之后，每个建筑师都会有关于这个项目的解决问题的方式方法，都会有自己的美学倾向，都会有自己想赋予这个项目的建筑语言。这些都是建筑师自己在建筑学的长期熏习之后对生活的自然流露与表达。

建筑师正是有这样的优势：先于受众找到空间的乐事。

在园林意象中生活，就会有园林意象的设计。

用园林的理念设计，就会映射出园林样貌的生活。

生活在中国园林的精神中，实现设计中的中国园林式精神传承，不在于外化的形式。如果非要看到中国古典园林在当代的复制式的设计，或者形式上的符号复制，是粗浅的，那就"着相"了，"凡所有相皆是虚妄"。

我所提倡的当代建筑向中国园林的借鉴方式，是精神的传承，不是形式上的复制。我们需要借鉴的是园林的空间组合方式、环境融合的观念、体现华夏文化的审美方式和思考方式。建筑空间可以是具有传统文化精神的，环境可以是具有传统文化精神的，但是材料和构造方式仍然要是当代的，建筑语言仍然要是当代的。

对于时下风行的建筑思潮持审慎乃至批判与反思的态度，是有必要的，这会使建筑师在设计实践中的思想保持更大的独立性。

中国传统建筑文化与西方建筑文化大相径庭。华夏美学以"气韵生动"的飞舞神采，形而上的意境培育，其俯仰自得于上下四方、往来古今的博大胸襟特立于世界美学之林。

我们应该非常自信地把华夏美学引入当代建筑的实践中来。挖掘并传承华夏美学与中国的建筑文化是值得深入研究和认真思考的问题。

在建筑领域集华夏美学之大成于一身者，正是中国园林。

　　我在自己的建筑设计实践中，做了一些微薄的不成系统的探索，并从中获益不少。我设计的很多建筑中都有来自中国园林的灵感。

　　前人已对中国园林进行了众多深入的研究，这些研究成果都可以为我们所用。在这里，我想让中国园林与当代建筑进行一次对话，"执其两端"，本书正是力求在这方面记录一点点自己的理解。

　　我们所处的时代是一个传统文化渐渐远去的时代，但我们并不能说"礼""乐"不在了，它们以新的面貌展现在世人面前。古今的艺术与美学并不是格格不入的，它们仍然是可以对话的，或者可以说，古今艺术本来就是同构的。

　　以这样的视角来审视中国古典园林，以这样开放的态度来认识它，我们就不会觉得它陌生或遥远。相反，它很容易被我们拿到手中把玩与欣赏，进而很自然地就有可能在某些语境中被援引与借鉴，以它独特的语言与当代人对话。

　　本书的撰写接近尾声，这时我想到了晏殊的词《浣溪沙》：
　　"一曲新词酒一杯，去年天气旧亭台。夕阳西下几时回？
　　无可奈何花落去，似曾相识燕归来。小园香径独徘徊。"
　　这首词文字之外的余韵，正如一座小园林，清丽自然又意味深远。

　　我熟悉这首词，源于李祥霆先生在他的古琴专辑《宋人词意》中选取了《小园香径独徘徊》作为一首古琴曲，古琴曲抒怀婉转，听来好像真能看到一位宋代文人在小园中独自徘徊感怀。

　　我自己也曾不止一次地把这首词写成小楷小品，把玩其中味道，余韵悠长［图7-1］。

　　中国园林营造是门综合的艺术，包罗万象，如建筑、花木、山石、泉池、音乐、书法、绘画各门类，是眼、耳、鼻、舌、身、意全面感知的艺术。它扩充了我对建筑的认知，也扩充了我对生活的感受。

当代建筑可以从中国园林中汲取营养；从中国园林到当代建筑，是精神的传承。要去品读与感受才知其味。可意会，不须言传。

中国园林里有"壶中天地"的说法，其本意是指在方寸之间可以窥见天地的面貌。写这本书的我，却像是坐在方寸之间的井中，管窥头顶这一小片天空，自认为有所得，还说个没够。

"得意忘言，得鱼忘筌"，我在书中已经把话说得太多了，读完都忘了它们吧。

——2023年2月于北京和平里

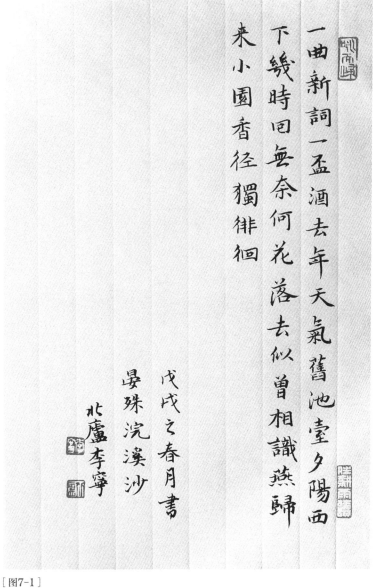

一曲新詞一盃酒去年天氣舊池臺夕陽西

下幾時回無奈何花落去似曾相識燕歸

來小園香徑獨徘徊

戊戌之春月書

晏殊浣溪沙

北盧李寧

[图7-1]

小楷拙作，晏殊《浣溪沙》。这首词文字之外的余韵，正如一座小园林，清丽自然又意味深远。

专著:

[1] 刘义庆. 世说新语[M]. 西安: 陕西旅游出版社, 2002.

[2] 计成. 园冶注释[M]. 陈植, 注释. 北京: 中国建筑工业出版社, 1988.

[3] 李渔. 闲情偶寄[M]. 沈勇, 译注. 北京: 中国社会出版社, 2005.

[4] 刘敦桢. 苏州古典园林[M]. 北京: 中国建筑工业出版社, 2005.

[5] 罗哲文. 中国古园林[M]. 北京: 中国建筑工业出版社, 1999.

[6] 彭一刚. 中国古典园林分析[M]. 北京: 中国建筑工业出版社, 1986.

[7] 彭一刚. 建筑空间组合论: 第三版[M]. 北京: 中国建筑工业出版社, 2011.

[8] 荆其敏, 张丽安. 生态的城市与建筑[M]. 北京: 中国建筑工业出版社, 2005.

[9] 冯钟平. 中国园林建筑[M]. 北京: 清华大学出版社, 1988.

[10] 王毅. 园林与中国文化[M]. 上海: 上海人民出版社, 1990.

[11] 周维权. 中国古典园林史[M]. 北京: 清华大学出版社, 1999.

[12] 陈从周. 说园[M]. 济南: 山东画报出版社、同济大学出版社, 2002.

[13] 陈从周. 园林谈丛[M]. 上海: 上海文化出版社, 1980.

[14] 蓝先琳. 中国古典园林大观[M]. 天津: 天津大学出版社, 2003.

[15] 刘晓惠. 文心画境——中国古典园林景观构成要素分析

[M]. 北京：中国建筑工业出版社，2002.

［16］张家骥. 中国造园论[M]. 太原：山西人民出版社，1991.

［17］王其亨. 风水理论研究[M]. 天津：天津大学出版社，1992.

［18］李允鉌. 华夏意匠[M]. 天津：天津大学出版社，2005.

［19］张良皋. 匠学七说[M]. 北京：中国建筑工业出版社，2002.

［20］宗白华. 美学散步[M]. 上海：上海人民出版社，2006.

［21］宗白华. 宗白华讲稿[M]. 南京：江苏教育出版社，2005.

［22］胡继华，宗白华. 文化幽怀与审美象征[M]. 北京：文津出版社，2004.

［23］李泽厚. 美的历程[M]. 天津：天津社会科学院出版社，2001.

［24］李泽厚. 华夏美学[M]. 天津：天津社会科学院出版社，2001.

［25］李泽厚. 美学四讲[M]. 天津：天津社会科学院出版社，2001.

［26］李泽厚. 论语今读[M]. 北京：生活·读书·新知三联书店，2004.

［27］李泽厚. 李泽厚近年答问录[M]. 天津：天津社会科学院出版社，2006.

［28］冯友兰. 中国哲学简史[M]. 赵复三，译. 天津：天津社会科学院出版社，2005.

［29］梁漱溟. 中国文化与中国哲学[M]. 北京：东方出版社，1986.

［30］张岱年. 中国哲学大纲[M]. 北京：生活·读书·新知三联书店，2005.

［31］张岱年，程宜山. 中国文化论争[M]. 北京：中国人民大学出版社，2006.

［32］汤一介. 佛教与中国文化[M]. 北京：宗教文化出版社，1999.

［33］钱钟书. 谈艺录[M]. 北京：中华书局，1984.

［34］孙英明. 河南博物院精品与陈列[M]. 郑州：大象出版社，2000.

［35］涂纪亮. 维特根斯坦后期哲学思想研究[M]. 南京：江苏人民出版社，2005.

［36］刘庭风. 日本园林教程[M].

天津：天津大学出版社，
2005.

[37] 罗宗强. 玄学与魏晋时期文
人心态[M]. 天津：天津教育
出版社，2005.

[38] 崔自默. 为道日损：八大山
人画语解读[M]. 北京：人民
美术出版社，2004.

[39] 陈慧荪，钟文斌. 八大山人
书画集[M]. 南昌：江西美术
出版社，1985.

[40] 朱良志. 八大山人研究[M].
合肥：安徽教育出版社，
2008.

[41] 潘天寿. 潘天寿论画笔录
[M]. 叶尚青，记录整理. 上
海：上海人民美术出版社，
1984.

[42] 马林诺夫斯基. 文化论[M].
费效通，等译. 北京：中国
民间文艺出版社，1987.

[43] 勒·柯布西耶. 走向新建筑
[M]. 陈志华，译. 西安：陕
西师范大学出版社，2004.

[44] 维尔纳·布雷泽. 东西方的
会合[M]. 苏怡，齐勇新，
译. 北京：中国建筑工业出
版社，2006.

[45] 肯尼斯·弗兰姆普敦. 现代

建筑：一部批判的历史[M].
张钦楠，等译. 北京：生
活·读书·新知三联书店，
2004.

[46] 王建国，张彤. 安藤忠雄
[M]. 北京：中国建筑工业出
版社，1999.

[47] 安藤忠雄. 安藤忠雄论建筑
[M]. 白林，译. 北京：中国
建筑工业出版社，2002.

[48] 安藤忠雄. 安藤忠雄连战连
败[M]. 张健，蔡军，译. 北
京：中国建筑工业出版社，
2004.

[49] 王天锡. 贝聿铭[M]. 北京：
中国建筑工业出版社，1990.

[50] 项秉仁. 赖特[M]. 北京：中
国建筑工业出版社，1992.

[51] 坎内尔. 贝聿铭传：现代主
义大师[M]. 倪卫红，译. 北
京：中国文学出版社，1996.

[52] 苏州园林设计院. 苏州园林
[M]. 北京：中国建筑工业出
版社，1999.

[53] 严坤. 普利策建筑奖获得者
专辑[M]. 北京：中国电力出
版社出版，2005.

[54] 刘彤彤. 中国古典园林的儒
学基因[M]. 天津：天津大学

出版社，2015.

[55] FRAMPTON K, Tadao Ando light and water [M]. The Monacelli Press, 2003.

[56] DAVID, YOUNG M, The art of the japanese garden[M]. HongKong: Tuttle Publishing, 2005.

[57] 唐寅. 溪山渔隐图[M]. 天津：天津人民美术出版社，2007.

[58] 大师系列丛书编辑部. 普利茨克建筑大师思想精粹[M]. 武汉：华中科技大学出版社，2007.

[59] 隈研吾. 负建筑[M]. 计丽萍，译. 济南：山东人民出版社，2008.

[60] 托马斯·弗理曼. 世界是平的[M]. 何帆，肖莹莹，郝正非，译. 长沙：湖南科学技术出版社，2008.

[61] 袁安碑袁敞碑. 上海：上海书画出版社，2013.

[62] 童寯. 江南园林志[M]. 北京：中国建筑工业出版社，2014.

[63] 黄元炤. 当代建筑师访谈[M]. 北京：中国建筑工业出

[64] 尤哈尼·帕拉斯玛. 肌肤之目——建筑与感官[M]. 北京：中国建筑工业出版社，2016.

[65] 庄雅典. 建筑的起点：著名设计师演讲录[M]. 北京：北京大学出版社，2016.

[66] 王澍. 造房子[M]. 长沙：湖南美术出版社，2016.

[67] 董豫赣. 玖章造园[M]. 上海：同济大学出版社，2016.

[68] 王毅. 翳然林水——栖心中国园林之境[M]. 北京：北京大学出版社，2017.

[69] 伊东丰雄. 建筑改变日本[M]. 寇佳意，译. 北京：西苑出版社，2017.

[70] 陈书良. 六朝人物[M]. 成都：天地出版社，2018.

[71] 蒂莫西·比特利. 亲自然城市规划设计手册[M]. 干靓，姚雪艳，丁宇新，译. 上海：上海科学技术出版社，2018.

[72] 王向荣. 景观笔记：自然·文化·设计[M]. 北京：生活·读书·新知三联书店，2019.

[73]彼得·埃森曼. 建筑经典：1950—2000[M]. 范路，陈洁，王靖，译. 北京：商务印书馆，2020.

[74]陈志华. 外国造园艺术[M]. 北京：商务印书馆，2021.

[75]贾珺. 故园惊梦[M]. 长沙：湖南美术出版社，2022.

[76]隈研吾. 点·线·面[M]. 陆星宇，译. 北京：中信出版社，2022.

论文：

[1]王其亨，刘彤彤. 情深而文明，气盛而化神——试论"乐"与中国古典园林[D]. 天津：天津大学，1997.

[2]袁晓梅，吴硕贤. 中国古典园林的声景观营造[J]. 建筑学报，2007（2）.

[3]范雪. 苏州博物馆新馆[J]. 建筑学报，2007（2）.

[4]贾珺. 朱启钤与中国古典园林[J]. 建筑史学刊，2022（3）.

[5]朱光潜. 乐的精神与礼的精神——儒家思想系统的基础[J]. 思想与时代月刊，1942（7）.

[6]鲁迅. 魏晋风度及文章与药及酒之关系[M]//鲁迅. 而已集. 北京：人民文学出版社，2006.

[7]王凯. 当"建造"开始被言说：方塔园何陋轩与"建构"话语的回响[J]. 建筑师，2022（8）.

电子出版物：

刘人岛. 中国传世人物名画全集（光盘版）[CD]. 北京星琦嘉科技发展公司.

本书照片除特殊注明外，均为作者自摄。

图书在版编目（CIP）数据

园林的启示：从中国园林到当代建筑的诗意传承＝
The Inheritance of the Spirit ——From the Chinese
Garden to Contemporary Architecture / 李宁著. —
北京：中国建筑工业出版社，2023.10
ISBN 978-7-112-28815-1

Ⅰ.①园… Ⅱ.①李… Ⅲ.①古典园林—园林艺术—
研究—中国 ②建筑艺术—研究—中国—现代 Ⅳ.
①TU986.62 ②TU—862

中国国家版本馆CIP数据核字（2023）第103712号

策　　划：陆新之
责任编辑：刘　静
书籍设计：张悟静
责任校对：姜小莲

园林的启示
从中国园林到当代建筑的诗意传承
The Inheritance of the Spirit
From the Chinese Garden to
Contemporary Architecture
李宁 著

*

中国建筑工业出版社出版、发行（北京海淀三里河路9号）
各地新华书店、建筑书店经销
北京锋尚制版有限公司制版
北京富诚彩色印刷有限公司印刷

*

开本：787毫米×960毫米　1/16　印张：17　字数：236千字
2023年10月第一版　2023年10月第一次印刷
定价：**128.00**元
ISBN 978-7-112-28815-1
（41249）